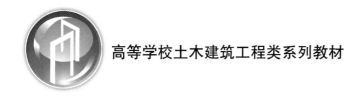

高等学校土木建筑工程类系列教材

结构力学实验（第二版）

■ 刘礼华 欧珠光 编著

武汉大学出版社

图书在版编目(CIP)数据

结构力学实验/刘礼华,欧珠光编著. —2版. —武汉:武汉大学出版社,
2010.7
高等学校土木建筑工程类系列教材
ISBN 978-7-307-07756-0

Ⅰ.结… Ⅱ.①刘… ②欧… Ⅲ.结构力学—实验—高等学校—教材
Ⅳ.O342-33

中国版本图书馆 CIP 数据核字(2010)第 084553 号

责任编辑:李汉保　　　责任校对:刘　欣　　　版式设计:支　笛

出版发行:武汉大学出版社　(430072　武昌　珞珈山)
(电子邮箱:cbs22@whu.edu.cn　网址:www.wdp.com.cn)
印刷:崇阳县天人印刷有限责任公司
开本:787×1092　1/16　印张:14　字数:330千字　插页:1
版次:2006年7月第1版　　2010年第2版
　　 2010年7月第2版第1次印刷
ISBN 978-7-307-07756-0/O·423　　　定价:23.00元

版权所有,不得翻印;凡购买我社的图书,如有质量问题,请与当地图书销售部门联系调换。

高等学校土木建筑工程类系列教材
编 委 会

主　　任	何亚伯	武汉大学土木建筑工程学院，教授、博士生导师，副院长
副 主 任	吴贤国	华中科技大学土木工程与力学学院，教授、博士生导师
	吴　瑾	南京航空航天大学土木系，教授，副系主任
	夏广政	湖北工业大学土木建筑工程学院，教授
	陆小华	汕头大学工学院，副教授，副处长
编　　委	（按姓氏笔画为序）	
	王海霞	南通大学建筑工程学院，讲师
	刘红梅	南通大学建筑工程学院，副教授，副院长
	宋军伟	江西蓝天学院土木建筑工程系，副教授，系主任
	杜国锋	长江大学城市建设学院，副教授，副院长
	肖胜文	江西理工大学建筑工程系，副教授
	徐思东	江西理工大学建筑工程系，讲师
	欧阳小琴	江西农业大学工学院土木系，讲师，系主任
	张海涛	江汉大学建筑工程学院，讲师
	张国栋	三峡大学土木建筑工程学院，副教授
	陈友华	孝感学院教务处，讲师
	姚金星	长江大学城市建设学院，副教授
	梅国雄	南昌航空大学土木建筑学院，教授，院长
	程赫明	昆明理工大学土木建筑工程学院，教授，院长
	曾芳金	江西理工大学建筑与测绘学院土木工程教研室，教授，主任
执行编委	李汉保	武汉大学出版社，副编审
	谢文涛	武汉大学出版社，编辑

内 容 简 介

根据结构力学实验的目的与要求,本书分成结构力学实验与结构力学实验基础知识两部分。主要内容为:1. 介绍实验的目的、意义、要求、类型、测试系统仪器及实验模型设计简介,然后介绍 4 个结构几何组成规律及优化实验,11 个静力学实验及 14 个结构动力学实验,16 个综合性自选设计实验。2. 围绕结构力学实验所需的常用实验设备、模型设计制作、实验语言分析和实验数据处理等作简单介绍。

本书可以作为高等学校工科本科生实验课教材,也可以供土木建筑工程、建筑学、水利工程、电力工程以及相关技术人员参考。

序

建筑业是国民经济的支柱产业,就业容量大,产业关联度高,全社会50%以上固定资产投资要通过建筑业才能形成新的生产能力或使用价值,建筑业增加值占国内生产总值较高比率。土木建筑工程专业人才的培养质量直接影响建筑业的可持续发展,乃至影响国民经济的发展。高等学校是培养高新科学技术人才的摇篮,同时也是培养土木建筑工程专业高级人才的重要基地,土木建筑工程类教材建设始终应是一项不容忽视的重要工作。

为了提高高等学校土木建筑工程类课程教材建设水平,由武汉大学土木建筑工程学院与武汉大学出版社联合倡议、策划,组建高等学校土木建筑工程类课程系列教材编委会,在一定范围内,联合多所高校合作编写土木建筑工程类课程系列教材,为高等学校从事土木建筑工程类教学和科研的教师,特别是长期从事土木建筑工程类教学且具有丰富教学经验的广大教师搭建一个交流和编写土木建筑工程类教材的平台。通过该平台,联合编写教材,交流教学经验,确保教材的编写质量,同时提高教材的编写与出版速度,有利于教材的不断更新,极力打造精品教材。

本着上述指导思想,我们组织编撰出版了这套高等学校土木建筑工程类课程系列教材,旨在提高高等学校土木建筑工程类课程的教育质量和教材建设水平。

参加高等学校土木建筑工程类系列教材编委会的高校有:武汉大学、华中科技大学、南京航空航天大学、南昌航空大学、湖北工业大学、汕头大学、南通大学、江汉大学、三峡大学、孝感学院、长江大学、昆明理工大学、江西理工大学、江西农业大学、江西蓝天学院15所院校。

高等学校土木建筑工程类系列教材涵盖土木工程专业的力学、建筑、结构、施工组织与管理等教学领域。本系列教材的定位,编委会全体成员在充分讨论、商榷的基础上,一致认为在遵循高等学校土木建筑工程类人才培养规律,满足土木建筑工程类人才培养方案的前提下,突出以实用为主,切实达到培养和提高学生的实际工作能力的目标。本教材编委会明确了近30门专业主干课程作为今后一个时期的编撰、出版工作计划。我们深切期望这套系列教材能对我国土木建筑事业的发展和人才培养有所贡献。

武汉大学出版社是中共中央宣传部与国家新闻出版署联合授予的全国优秀出版社之一,在国内有较高的知名度和社会影响力。武汉大学出版社愿尽其所能为国内高校的教学与科研服务。我们愿与各位朋友真诚合作,力争使该系列教材打造成为国内同类教材中的精品教材,为高等教育的发展贡献力量!

高等学校土木建筑工程类系列教材编委会

2008 年 8 月

序

力学课程是工科专业的重要技术基础课，实验力学课程是其重要的组成部分。任何科学技术的发展，都伴随着科学实验而共同存在。未经过实验或实践检验过的理论，有可能是不正确的理论。世界上许多重大科技发明、创造，大多是大量科学实验的结果。

以力学实验而言，其重要性更为直接。设计一个构件或结构，必须考虑其强度、刚度、稳定性，动态结构还需研究其动力特性，以求得在安全条件下的最大经济效果。为此，已经形成了理论力学、材料力学、结构力学、岩土力学、断裂力学、弹塑性力学等一系列理论及相应计算方法，这些学科在解决实际问题中起着重要的作用。但是这些学科的基本理论，许多是建立在若干简化的假定上的，都来自大量实验资料的归纳和总结；而判断理论及计算的结果正确与否，也需要实验或实践来检验。

虽然如今科学计算已经与理论分析和实验技术相并列，成为第三种科学方法，并被提到一个重要的高度。但是力学实验技术无论是作为认识和检验真理的最终的标准，还是作为直接解决实际工程中的力学问题的重要手段，仍然有着不可替代的地位。

对于已经有了数学模型的力学问题，从理论上讲可以用分析手段求解，但除了个别简单问题外，实际上是难以求得理论解的；随着计算机技术的发展，使科学计算方法，如有限元法、边界元法等方法能解决大量以前无法用理论分析方法解决的问题。但是数值计算方法仍然来自于理论模型，仍然是在理论模型的基本假定下进行数值计算的。对于新型或复杂结构形式、采用新材料的结构以及复杂工作条件下的力学问题，理论分析和数值计算所引入的假设和简化的合理性还未得到证实之前，往往首先需要用实验的结果进行校核和验证。

广义地讲，若把科学计算和数值仿真视为一种数值实验，实验力学的范围也可以涵盖数值计算技术。实际上实验力学已经与计算机技术和现代测试技术日益紧密结合，使实验力学有了很大的发展。这个发展已体现在两个方面，其一是应用计算机技术对实验数据进行采集和处理；其二是实验方法和数值计算方法相结合而产生的实验和数值分析杂交技术。该技术综合了两者的优势，在减少实验工作量和计算机工作时间的同时，还提高了实验成果的精度和可靠度，这已经成为现代实验力学的概念。

基于对实验力学以上的认识，我们组织编写了这套实验力学教材，力图在让学生学到基本实验技能的同时，也让他们开拓视野，并认识到实验力学新发展的前景。

在本系列教材中，实验内容的选取，实验方法和设备的介绍与阐述，既与力学的理论教学相呼应，尽可能达到力学课程的基本要求，又具有一定的独立性，并尽量体现教学改革和创新思维的成果。

我们相信，通过对本系列教材的学习和实践，可以使学生掌握力学实验的基本知识、基本技能和基本方法，同时也可以对学生的创新能力、实践能力进行一定的培养，从而对养成学生的科学习惯，提高科学素质起到重要作用。

参加编写本系列教材的教师为：

《材料力学实验》：朱铱庆,彭华,林树,曹定胜,乐运国,陈士纯；

《结构力学实验》：刘礼华,欧珠光；

《动力学实验》：刘礼华,欧珠光；

《岩土力学实验》：侍倩,曾亚武。

本系列材料所述内容的形成和不断完善是这些老师多年教学实践的积累,字里行间闪现着老师们辛勤的汗水与智慧。同时得到各位同事、同学和校内外同行的启发和帮助,武汉大学教务部和武汉大学土木建筑工程学院的领导也给予了很大的支持,特向他们表示敬意。谨此为序。

朱以文

2006 年 3 月

前　言

随着我国土木与水利工程建设事业的蓬勃发展,高等教育对力学教学的要求也越来越高。为适应当前力学课程教学的改革和发展,配合《结构力学课程教学基本要求》所规定内容的具体教学,在武汉大学创建国家力学实验教学示范中心;为进一步推动结构力学课程的深化改革,面向21世纪社会主义现代化建设培养更多的既能动脑、又能动手的合格科技人才。我们系统地总结了过去教学实践经验,将过去和现在对本科生教学开过的一些实验课内容作适当的筛选、加深和拓宽,编写成这本《结构力学实验》教材。

实验可以出理论、验证理论和发展理论,同时还可以为实践提供宝贵经验。在力学理论的发展中,力学实验也是最有效的实践检验。结构力学实验也曾为结构力学理论的创立、验证和发展作出了重要贡献。纯弯曲梁截面上的应力分布规律理论,从假定到简单实验,从理论到实验验证,是历经了二百多年的实践和实验才得到的。结构力学理论中的几何不变体系的组成规则,是判断体系能否作为结构的重要规则,这些规则源于实践,亦可以通过简单的实验加以验证。此外,在简单结构的优化研究中,从经济、安全与合理的角度看,当受力、支座约束、截面积、材料和跨度等相同的条件下,拱结构比梁结构好,桁架比空腹梁优越,空腹梁比实心梁好,工字截面梁比矩形截面梁好,矩形截面梁比圆形截面梁好,在矩形截面梁中,截面的高比宽大才好,但截面的高过大又容易失稳等理论,亦可以通过一些简单实验加以证实。同样,桁架结构中的零杆,线性体系互等定理中的位移互等定理等诸多力学理论均可以通过实验加以验证。可见,力学实验对力学理论的创立、验证和发展是多么重要。

在结构力学中,实验与理论一样重要。理论分析虽然给出了结构内力、变形计算的方法与公式,但对一些几何形状复杂、变形较大、材料不均、受力复杂、有静有动等结构,在计算时不得不对其作一些假设,使其理想化。这样,往往会碰到一些力学模型如何建立的问题、非线性问题和数学计算问题。即使可以用目前较先进的有限元计算方法,通过计算机计算,所得的结果也只是近似的或不准确的。因此,通过实验验证就显得更加重要。此外,在结构动力计算中,如某些结构阻尼问题,无法用理论计算来求得,必须通过实验来获取。可见,结构力学理论不是万能的,必须重视结构力学实验,结构力学这一学科才是完整的。

此外,结构力学实验还可以增强学生对结构力学这一学科的感性认识,纠正学生重理论轻实践的不正确想法。虽然结构力学的许多理论和方法都比较经典和古老,而且,并非每个问题都要通过实验来验证,但是,结构力学的一些理论和方法对学生来说是一种全新的知识,学生是第一次接触这些知识,如果再通过一些实验、实践的教学环节,加强学生对这些力学理论的理解和吸收会大有好处。例如通过简单的静力学实验让学生理解桁架结构零杆存在的必要性;通过梁截面优化实验,使学生更加清楚矩形截面的高比宽大才好,但高过于大又会引起失稳问题;通过结构动力学实验使学生清楚地看到结构的振动模态,等等。

工程力学实验的基本内容应该结合理论力学、材料力学和结构力学的教学内容,精选和创新一批与之相适应的实验,这些实验既要便于教学安排,又要能反映出所学的力学基础知识和原理,同时这些实验还要系列化和层次化,能够显著地提高教学效果。

根据我们对工程力学实验教材的调研,从工程力学的角度来看,其内容并不完善,特别是关于结构力学内容方面的实验就更少。因此,根据《结构力学课程教学基本要求》,在编写《结构力学实验》这一教材的过程中,我们精选和创新了一批结构几何组成规律实验、结构静力学实验和结构动力学实验。《结构力学实验》的内容尽可能结合结构力学的理论教学,服务于理论教学。例如《结构力学》首先介绍什么样的体系可以作为承受力的结构?什么样的结构最优?书中给出了"结构"、"最优结构"的定义和理论。这些定义和理论对初学的学生来说不太容易理解。因此,我们设置了简单的"几何组成规律"和"结构优化"实验来增强学生对一些理论、抽象概念的理解和记忆。通过桁架零杆存在必要性的测试实验,更是使同学明白了零杆的理论和作用,零杆虽不受力,但零杆不可或缺,从而增强了对"几何不变体系"作为"承受力的结构"的必要性。我们安排了11个结构静力学实验,这些实验可以帮助学生理解三个问题:1.通过实验验证理论计算结果;2.理论计算比较难的问题可以通过实验求解;3.在结构力学中理论与实验都很重要,一个都不能缺。动力学实验有14个,主要让学生学会四个方面的问题:1.测试结构的自由振动参数,如自振频率(周期)、振动幅值、振动模态与阻尼等;2.测试结构的振动响应,如振动响应加速度、振动响应应变应力、位移等;3.测试机械中转动部件的振动响应;4.结构的隔震、防震和消震的实验。这些实验均有助于验证和发展已经很成熟的振动理论。

本书中一共选取29个基础实验,其中有较简单亦有较复杂的,有内容单一的,有内容稍微综合的,有同一实验目的而用不同结构或方法的,有用一般常规的仪器和传统方法,亦有用较先进的仪器和较现代的实验方法的,总的目的是为不同层次、不同专业的学生、不同条件的实验室选题,学生们不一定每个实验都要做。

为了取得较好的实验成果,要根据不同的实验目的,用不同的实验方法,选取不同的信号采集传感器,测试系统的信号放大、显示、记录、储存及分析处理等仪器装置,在本书中,我们根据结构力学实验的需要作专门介绍。此外,在结构力学实验中,不论静力学实验或动力学实验,用得最多的是应变片测试,我们把"电阻应变片测量技术在结构力学实验中的应用"作为一章编写在书中。

结构力学的实验对象,从大的方面可以分为结构的原型和模型两种。模型实验涉及实验模型的制作问题。为了使模型实验的结果能反映原型的客观规律,其模型必须与原型相似,必须遵循相似理论定律,为此,我们编写了一节专门介绍结构力学实验模型的设计简介。

实验资料、数据的整理与分析,根据实验方法的不同而有不同的处理过程,传统方法是将原型数据系统化,通过计算制成图表和曲线,或用数学表达式来反映结构的力学性能及其规律等。在这一过程中,要掌握各种实验曲线、图形的画法;挠度、应力的计算方法;振动记录图的分析、处理和振动参数的确定方法。实验的目的在于认识事物的内在规律性,由于测量数值与真值之间始终存在误差,为了认识误差、使误差减少到最低程度,使实验结果符合客观实际,需要掌握误差分析和数据处理的方法,为此,本书又用一章介绍结构力学误差分析和数据处理的内容。

本书还列举了3个结合工程实际的综合性、自行设计的创新性实验,推举了13个实验题目,供学生参考和选择实验。

本教材具有在实验内容方面简洁创新、实验方法方面科学严谨和实验技术方面先进可靠的优点。本教材的出版必将进一步推动结构力学课程的深化改革,为面向21世纪社会主义现代化建设培养科技人才,作出应有的贡献。

本书经反复探索,几易其稿,作者深深体会:

1. 《结构力学实验》是一门实践性很强的专业技术基础课程,该课程与《结构力学》课程一样是同等重要的课程。《结构力学实验》的最大特点是离开实践就无法真正掌握它,离开了它就不可能真正把《结构力学》这一学科学好。力学工作者一定要改变过去那种重理论轻实验的思想,开好《结构力学实验》课。

2. 本教材编写了29个基础实验,不是要求每个实验都要同学去做,要根据不同专业、不同教学目的与不同的实验条件,自行选用。

3. 在教材中编写的实验方法、实验的仪器和测试系统,与数据处理分析、模型制作、误差分析等,只有通过学生的具体实验才能理解和掌握。因此,学好本书的关键是每个学生都要动手、动脑,熟悉各种仪器设备的性能、安装、制作、测量布置和参数的测读,熟悉实验的全过程,才能学好本课程。

4. 综上所述,现代科学研究应包括理论研究和实验研究两方面,结构力学这一学科也是如此,除了其基本理论与方法外,其实验也是所有工程技术人员的重要专业技术基础课程。一个合格的工程师或高级工程师,若不懂得实验的理论和技术,就很难在工程设计和施工中取得突出的好成就,更谈不上在本学科有更大的建树。

结构力学实验属于较复杂的教学工作,由于作者水平有限,书中错误和不当之处在所难免,恳请读者批评指正。

作　者

2003年8月于武汉大学

学生实验守则

结构力学实验是结构力学课程教学的重要实践性环节之一。为了保证实验教学的质量,培养学生独立地进行科学实验的能力,并养成文明实验的优良作风,特制定本守则,要求学生必须做到:

1. 在实验课前,分好实验小组,预习本书中指定实验项目和有关实验机、仪器、仪表的相应章节内容,了解实验的目的与要求、实验原理、实验步骤、实验机与仪器的使用方法、操作规程、数据处理方法等,并写出预习报告。在上实验课时,由实验指导教师检查预习情况。凡未进行预习或无故迟到者,指导教师有权停止其实验。

2. 进入实验室就是进入实验课堂,要服从指导教师的安排。应严格遵守实验课堂纪律和实验室的一切规章制度,注意保持安静,不得高声喧哗与打闹,不准吸烟,不准随地吐痰和乱丢纸屑,不准乱动实验室内与本次实验无关的机器、仪器、仪表和其他实验设施。

3. 在做实验时,应严格遵守操作规程,切实注意实验设备和人身安全。违犯操作规程或不听从指导教师的指导,从而造成实验设备损坏事故者,按学校有关规定进行处理;若发现实验设备出现故障或异常现象时,应立即停止操作,关闭电源,并报告指导教师及时处理。

4. 在实验过程中,实验小组每个成员要分工明确,密切配合,协调一致,认真操作,仔细观测实验现象,如实记录实验数据,主动锻炼自己独立动手和分析问题的能力。这是培养学生独立进行科学实验,积累实验技能所必经的实践过程。

5. 在实验结束时,应立即将实验机复原,把实验仪器、仪表、工具等清理归还,将实验场地整理干净。这将有助于培养学生良好的实验习惯和文明的工作作风;应及时将实验数据交实验指导教师审阅,经指导教师审定后,方可离开实验室。

6. 在课外应及时独立地写出实验报告,并按指导教师规定时间交送实验报告。实验数据处理按"四舍六入五单双法"进行,力求真实和准确。对示意图形、关系曲线、记录表格和计算公式,力求正确、整洁和清楚。文字说明通顺,书写工整。不得臆造数据,不得抄袭他人的实验报告。对于不符合要求的实验报告,指导教师有权退回令其重做。

目 录

第一篇 结构力学实验

第1章 结构力学实验概论 ······ 3
§1.1 结构力学实验的目的、意义及要求 ······ 3
§1.2 结构力学实验的类型 ······ 3
§1.3 结构力学实验的主要内容、测试系统及仪器 ······ 3
§1.4 结构力学实验模型设计简介 ······ 6

第2章 结构的几何组成规律与优化实验 ······ 15
§2.1 结构的几何组成规律实验(实验一) ······ 15
§2.2 结构优化实验 ······ 19
§2.3 桁架零杆的检测实验(实验四) ······ 22

第3章 结构静力学实验 ······ 25
§3.1 结构在静力作用下的内力实验 ······ 25
§3.2 结构的静变形实验 ······ 34
§3.3 结构的稳定性实验 ······ 38
§3.4 结构的影响线实验 ······ 44

第4章 结构动力学实验 ······ 50
§4.1 自由振动的主要参数实验 ······ 50
§4.2 结构振动的响应实验 ······ 63
§4.3 单盘转子动力学实验 ······ 73
§4.4 结构的隔震、防震、消震实验 ······ 78

第5章 工程实例与自选设计实验 ······ 82
§5.1 压力钢管补强加固的实验研究 ······ 82
§5.2 高层建筑结构坍塌破坏的实验研究 ······ 96
§5.3 某钢厂烧结分厂筛粉楼的振动测试研究 ······ 105
§5.4 综合性实验的课题推荐 ······ 118

第 6 章 结构力学实验误差分析和数据处理 ········ 120
§ 6.1 误差的基本概念及其分析 ········ 120
§ 6.2 实验数据处理 ········ 126

第二篇 结构力学实验基础知识

第 7 章 结构力学实验常用设备简介 ········ 139
§ 7.1 信号采集设备 ········ 139
§ 7.2 信号放大设备 ········ 154
§ 7.3 信号显示记录设备 ········ 159
§ 7.4 激振设备 ········ 170
§ 7.5 结构动力学测试系统的标定 ········ 176

第 8 章 电阻应变片测量技术在结构力学实验中的应用 ········ 179
§ 8.1 电阻应变片的工作原理及分类 ········ 180
§ 8.2 电阻应变片的工作特性 ········ 181
§ 8.3 电阻应变片的粘贴与防护 ········ 185
§ 8.4 电阻应变测量中的电桥原理及电桥的应用 ········ 186
§ 8.5 静态应变测量 ········ 191
§ 8.6 动态应变测量 ········ 197

参考文献 ········ 206

第一篇

结构力学实验

第1章 结构力学实验概论

§1.1 结构力学实验的目的、意义及要求

结构力学的研究对象是杆系结构。主要任务是研究杆系构成的组成规律和合理形式,以及其在荷载等因素作用下的内力(强度)、变形(刚度)、稳定性及动力响应的计算原理和计算方法。

根据结构力学的计算原理和计算方法所得的杆系结构,仅仅是一种理论成果,该成果是否最合理?是否真正符合实际要求?还必须通过实验加以验证。此外,在制定设计规范、规程和对结构物的使用寿命评估、安全监控、加固评估时,也必须通过实验获得相关信息和论据。因此,结构力学实验的目的是:(1)使学生了解实验可创造理论、实验可验证理论、实验可为实践提供经验,反之,又可以用理论指导实验,理论与实验相辅相成、互相促进,使结构力学这一学科蓬勃发展;(2)使学生认识结构力学实验是保证工程结构的正确设计和安全运行所必不可少的重要环节,一定要认真参与实验;(3)培养学生使用多种实验仪器的能力和结构力学实验的基本功;(4)提高学生对结构力学综合实验的设计、组织和创新能力。

§1.2 结构力学实验的类型

结构力学实验的种类很多,这里只从三方面分类如下:
1. 从测试对象方面分:(1)结构的模型实验;(2)结构的原型实验。
2. 从力学性能方面分:(1)结构的静力实验;(2)结构的动力实验。
3. 从实验用途方面分:(1)基础性实验;(2)提高和综合性实验;(3)创新和工程模拟实验。

根据上面的分类,本书所述的实验将分为结构的几何组成规律与优化实验、结构静力学实验、结构动力学实验和结构力学综合性自选设计实验四部分。其中有基础实验27个,综合性创新实验的典型例子2个,还推荐综合性创新实验14个,供老师和同学根据不同层次和具体条件进行选择。

§1.3 结构力学实验的主要内容、测试系统及仪器

1.3.1 实验的主要内容

1. 静力方面
(1)结构的几何不变性;

(2)结构的内力(应力)、变形(应变);
(3)结构的稳定性。

2. 动力方面

(1)振动幅值(位移、速度、加速度);
(2)振动频率(振动周期);
(3)振动相位:相位角、振型、节点;
(4)动平衡;
(5)结构阻尼;
(6)共振放大系数。

1.3.2 实验的测试系统框图

1. 静态测试系统框图,如图 1—1 所示

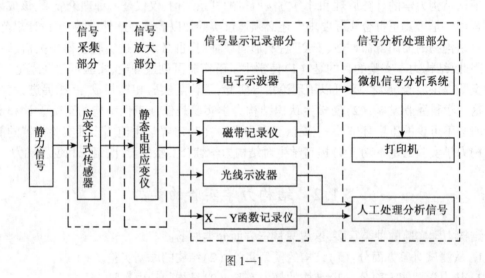

图 1—1

2. 动态测试系统框图,如图 1—2 所示

从图 1—2 可知,实验的测试系统大致可以归纳为信号采集、信号放大、信号显示记录储存、信号分析与处理四大部分。

1.3.3 测试系统常用仪器

1. 静态测试仪器

(1)信号采集——传感器

传感器的功能是把被测的机械变形的物理量转换为电信号,以供二次仪表放大、显示、记录、分析的元件。常用的传感器有:应变片、应变计式的电桥盒等。

(2)信号放大器

信号放大器的功能是将传感器输出的信号放大,以便在示波器显示,记录设备记录和储存,分析设备进行数据处理或信号分析等。常用的放大器有静态电阻应变仪。

(3)信号显示与记录设备

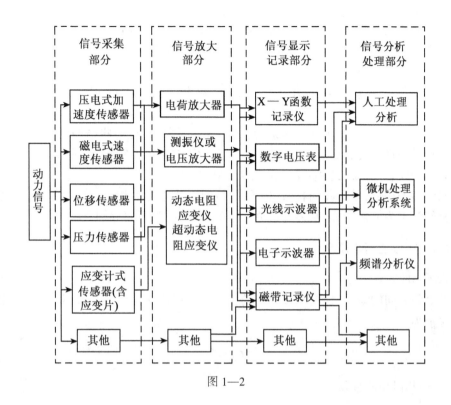

图 1—2

常用的有 X—Y 函数记录仪、光线示波器、电子示波器、磁带记录仪等。

(4)信号分析处理设备

除了人工分析处理外,还可以用以电子计算机为主体的数据处理与分析系统。

2. 动态测试仪器

(1)信号采集——传感器

传感器的功能是把被测的机械振动的物理量转换成电信号,以供二次仪器放大以及进一步的记录、显示、储存与分析等。

常用的传感器有:应变片、应变计式的电桥盒、磁电式速度传感器、压电式加速度传感器、压电式力传感器、压阻式加速度传感器、伺服式加速度传感器、非接触涡流式位移传感器、阻抗头等。

(2)信号放大器

信号放大器的主要功能与静态测试的信号放大器相同。常用的放大器有动态电阻应变仪、电荷放大器、电压放大器、测振仪等。

(3)信号显示、记录与储存设备

常用的有 X—Y 函数记录仪、数字电压表、光线示波器、电子示波器、磁带记录仪、瞬态记录仪等。

(4)信号分析、处理设备

常用的有动态信号处理仪、频谱分析仪以及以电子计算机为主体(含打印机)的数据处理与分析系统(含专门的分析软件)。

(5) 激振设备

在进行动态测试中,若需将测试对象由静态变成动态,就需要一种激振设备,该设备主要用于振动测试。常用的激振设备有:脉冲锤、激振器和振动台等。

§1.4　结构力学实验模型设计简介

在结构力学实验中,由于各种因素的影响,条件的限制,在某些结构物体中用结构的原型进行实验是不现实的,也是不可能的。为使实验的结果反映实际,必须采用与原型相似的模型作为实验模型。因此,要涉及实验模型的制作问题。

相似模型的相似,是指几何相似、边界条件相似、物理参数相似、时间与空间相似以及起始条件相似等。为使之能相似,还要遵循一定的理论依据,下面分别介绍。

1.4.1　相似的基本概念

1. 几何相似

模型上各方向的线性尺寸,均按原型的相应尺寸用同一比例常数 C_l 来确定。用数学形式可以表示为

$$C_l = \frac{l_m}{l_p} \tag{1—1}$$

式中:C_l——几何相似常数;
　　l——表示尺寸;
　　p——表示原型;
　　m——表示模型。

若考虑其三向应力状态下的结构模型,应保持三维几何相似,而二维应力状态,只需保持平面尺寸的几何相似即可。

2. 边界条件相似

边界条件相似是指模型的支承形式、支承位置、载荷性质和作用位置等均与原型保持相似或相同。

3. 物理参数相似

物理参数包括:荷载、刚度、质量等。

(1) 荷载相似

模型与原型在对应点上受的荷载,性质相同,方向一致,大小成同一比例,用数学式表示为

$$C_p = \frac{P_m}{P_p} \tag{1—2}$$

(2) 刚度相似

模型与原型各对应点处材料的拉、压弹性模量 E 和剪切弹性模量 G 均成比例,及其泊松比 μ 也成比例,即

$$C_E = \frac{E_m}{E_p}, \quad C_G = \frac{G_m}{G_p}, \quad C_\mu = \frac{\mu_m}{\mu_p} \tag{1—3}$$

(3) 质量相似

模型与原型的质量或密度、容重等相似,对应点上的集中质量或密度、容重成比例,即

$$C_m = \frac{m_m}{m_p}, \quad C_\rho = \frac{\rho_m}{\rho_p}, \quad C_\gamma = \frac{\gamma_m}{\gamma_p} \tag{1—4}$$

此外,模型与原型的相应位置的应力应变也成比例,即

$$C_\sigma = \frac{\sigma_m}{\sigma_p}, \quad C_\varepsilon = \frac{\varepsilon_m}{\varepsilon_p} \tag{1—5}$$

4. 时间、空间相似

时间、空间相似是指时间变化过程中,模型运动的位移、速度、加速度与原型运动的位移、速度、加速度在对应位置和时刻均保持同一比例,其方向也要相同,而且也保持同一比例。其表达式为

$$\begin{cases} C_\tau = \dfrac{\tau_m}{\tau_p} \\ C_\delta = \dfrac{\delta_m}{\delta_p} \\ C_v = \dfrac{v_m}{v_p} \\ C_a = \dfrac{a_m}{a_p} \end{cases} \tag{1—6}$$

5. 起始条件相似

在模型设计及实验中还必须满足系统的起始条件相似。

1.4.2 相似指标、判据及误差

1. 相似指标

两个系统中的相似常数之间的关系称为相似指标。下面以牛顿第二定律为例,导出相似系统的相似指标。

对于一个原型的质量运动系统,有

$$F_p = m_p a_p \tag{1—7}$$

而相似模型的质量运动系统,有

$$F_m = m_m a_m \tag{1—8}$$

若两个系统运动现象相似,则它们的对应物理量成比例

$$F_m = C_F F_p, \quad m_m = C_m m_p, \quad a_m = C_a a_p \tag{1—9}$$

式中,C_F、C_m 和 C_a 分别为两个系统对应的力、质量和加速度的相似常数。将式(1—9)代入式(1—8),得

$$\frac{C_F}{C_m C_a} F_p = m_p a_p \tag{1—10}$$

因模型与原型相似,故要求

$$\frac{C_F}{C_m C_a} = 1 \tag{1—11}$$

才能与式(1—7)一致。式(1—11)称为相似指标。显然式(1—11)也是相似条件的判别条件。

2. 相似判据

将式(1—9)代入式(1—11)可得

$$\frac{F_p}{m_p a_p} = \frac{F_m}{m_m a_m} \tag{1—12}$$

式(1—12)为一无量纲比值,对于所有力学相似现象,这个比值都是相同的,式(1—12)表明相似现象中各物理量应保持的关系,称为相似判据(或称相似准则、相似准数、牛顿准数等),一般用符号 π 表示,即

$$\pi = \frac{F_p}{m_p a_p} = \frac{F_m}{m_m a_m} = \frac{F}{ma} = 常量 \tag{1—13}$$

相似判据可以通过分析方程法或量纲分析法求得。

(1) 用分析方程法求相似判据

方程包含平衡微分方程、物理方程、几何方程和边界方程等。

①由平衡微分方程求解

如原型某一静力平衡微分方程为

$$\left(\frac{\partial \sigma_x}{\partial x} + \frac{\partial \tau_{yx}}{\partial y} + \frac{\partial \tau_{zx}}{\partial z} + f_x\right)_p = 0 \tag{1—14}$$

当然,模型也应满足上述平衡微分方程,将原型与模型之间关系的各物理量的相似常数代入上式,并考虑到方程中的微分号不改变其物理意义,便得

$$\frac{C_l}{C_\sigma}\left(\frac{\partial \sigma_x}{\partial x} + \frac{\partial \tau_{yx}}{\partial y} + \frac{\partial \tau_{zx}}{\partial z}\right)_m + \frac{f_{xm}}{c_f} = 0 \tag{1—15}$$

要使模型与原型相似,式(1—15)中有关物理量都要用相同的关系方程来描述,并使其相似指标等于1,即

$$\frac{C_l C_f}{C_\sigma} = 1 \tag{1—16}$$

则其相似判据为

$$\pi_1 = \frac{lf}{\sigma} \tag{1—17}$$

②物理方程求解

如原型在弹性变形范围内三向应力状态下的应力、应变关系的 6 个方程中其一为

$$(\varepsilon_x)_p = \frac{1}{E_p}[\sigma_x - \mu(\sigma_y + \sigma_z)]_p \tag{1—18}$$

若将有关常数代入式(1—18),即得

$$\frac{(\varepsilon_x)_m}{C_\varepsilon} = \frac{C_E}{E_m}\left[\frac{\sigma_x}{C_\sigma} - \frac{\mu}{C_\mu C_\sigma}(\sigma_y + \sigma_z)\right]_m \tag{1—19}$$

式(1—19)经整理后为

$$(\varepsilon_x)_m = \frac{1}{E_m}\left[\frac{C_\varepsilon C_E}{C_\sigma}\sigma_x - \frac{C_\varepsilon C_E}{C_\sigma C_\mu}\mu(\sigma_y + \sigma_z)\right]_m \tag{1—20}$$

因其相似指标等于1,即有

$$\frac{C_\varepsilon C_E}{C_\sigma}=1, \quad \frac{C_\varepsilon C_E}{C_\sigma C_\mu}=1 \tag{1—21}$$

显然,要同时满足上述两式,才能使模型与原型相似,因此,必须使 $C_\mu=1$,则相应的相似判据为

$$\pi_2=\frac{\varepsilon E}{\sigma} \tag{1—22}$$

③由几何方程求解

若原型为三维问题,则其线应变和剪应变的几何方程应有6个,如其一为

$$(\varepsilon_x)_p=\left(\frac{\partial u}{\partial x}\right)_p \tag{1—23}$$

将有关相似常数代入式(1—23),便得

$$\frac{(\varepsilon_x)}{C_\varepsilon}=\frac{C_l}{C_\delta}\left(\frac{\partial u}{\partial x}\right)_m \tag{1—24}$$

因相似指标为1,即

$$\frac{C_\varepsilon C_l}{C_\delta}=1 \tag{1—25}$$

则得相似判据为

$$\pi_3=\frac{\varepsilon l}{\delta} \tag{1—26}$$

④由边界条件求解

如原型的三个边界条件之一为

$$(P_x)_p=(\sigma_x l+\tau_{xy}m+\tau_{xz}n)_p \tag{1—27}$$

同理,将相应的相似常数代入式(1—27)便得

$$\frac{C_\sigma}{C_p}(P_x)_m=(\sigma_x l+\tau_{xy}m+\tau_{xz}n)_m$$

其相似指标为

$$\frac{C_\sigma}{C_p}=1 \tag{1—28}$$

相应的相似判据为

$$\pi_4=\frac{\sigma}{p} \tag{1—29}$$

根据上述导出的相似判据,就可以求出弹性结构在相似条件下原型与模型之间各物理量的转换公式,从而建立模型与原型的相应物理参数之间的换算关系。

(2)用量纲分析法求相似判据

如果系统比较复杂,无法用分析的方法建立方程式,用上述方程式分析法求解就无效了。这时,量纲分析法就成了求解相似判据的唯一方法了。

量纲分析法又分为量纲均衡性分析,量纲矩阵分析两种。限于篇幅,本书不做介绍。读者需用时,请参考相关模型设计的专著。

3. 相似误差

由于在结构模型设计与制作中,有时要完全满足所有的相似条件是有困难的,因而不得

不采用一些近似相似的方法。这样把模型实验所得的结果换算到原型时所产生的误差就称为相似误差。

1.4.3 相似原理

为得到较准确的实验结果,使模型上产生的物理现象与原型相似,模型的几何形状、边界条件、材料特性和荷载等必须遵循一定的规律——相似原理。通过实践与实验,由牛顿、别尔特朗、费吉尔曼、布海仑及基尔皮契夫等总结和提出了三个相似定理作为相似原理。下面分别介绍:

1. 第一相似定理:彼此相似的系统,单值条件相同,则相似指标等于1,或者其相似判据的数值也相同。

单值条件的因素包含系统的几何特性、主要物理参数、边界条件、起始状态等,当这些因素相同时,其相似指标

$$\frac{C_F}{C_m C_a}=1 \quad 或 \quad \frac{F_p}{m_p a_p}=\frac{F_m}{m_m a_m}=\pi=常量$$

相似判据 π 把相似系统中各物理量联系起来,说明模型与原型之间的关系,故又称为"模型律"。利用这个模型律可以将模型实验中得到的结果换算到相似的原型结构上去。

2. 第二相似定理:任一系统各物理量之间的关系方程式,都可以表示为相似判据方程。亦即系统由若干个物理量的函数关系表示,且这些物理量中含有 k 个基本量纲,则可以得到 $(n-k)$ 个相似判据。如某系统的一般物理方程为

$$f(x_1,x_2,\cdots,x_n)=0 \tag{1—30}$$

按第二相似定理可以改写成判据方程

$$\varphi(\pi_1,\pi_2,\cdots,\pi_{n-k})=0 \tag{1—31}$$

同时,由于系统相似,在对应点和对应时刻上的相似判据都保持相等,则它们的 π 关系式也相同,即

$$f(\pi_{p1},\pi_{p2},\cdots,\pi_{p(n-k)})=0$$
$$f(\pi_{m1},\pi_{m2},\cdots,\pi_{m(n-k)})=0$$

式中

$$\begin{cases} \pi_{p1}=\pi_{m1} \\ \pi_{p2}=\pi_{m2} \\ \vdots \\ \pi_{p(n-k)}=\pi_{m(n-k)} \end{cases} \tag{1—32}$$

上述结果告诉我们,在模型实验中,应该按相似判据之间的关系处理数据,把实验结果整理成式(1—32)所示的无量纲 π 关系式,并将其推广到其他相似系统中去。

第二相似定理又称为 π 定理。π 定理是量纲分析的普遍定理,这个定理为模型设计提供了可靠的理论基础。

如图 1—3 所示,长为 l 的简支梁,其上作用弯矩 M,均布荷载 q,梁中点作用集中力偶矩 M,根据材料力学知识得,梁跨中点处应力计算公式为

$$\sigma_{左,右}=\frac{ql^2}{8W}\mp\frac{M}{2W} \tag{1—33}$$

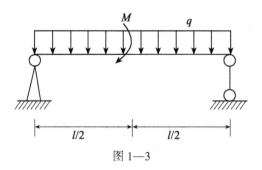

图 1—3

式(1—33)中,W 为梁的抗弯截面模量。而式中各项的量纲相同,以 σ 除以式(1—33)两边,即得无量纲方程式

$$\frac{ql^2}{8\sigma W} \mp \frac{M}{2\sigma W} = 1 \tag{1—34}$$

设模型与原型两支梁相似,其物理量之间的关系为

$$\begin{cases} m_p = \dfrac{m_m}{C_m}, \quad q_p = \dfrac{q_m}{C_q}, \quad W_p = \dfrac{W_m}{C_w} \\ l_p = \dfrac{l_m}{C_l}, \quad \sigma_p = \dfrac{\sigma_m}{C_\sigma} \end{cases} \tag{1—35}$$

式中:C_m、C_q、C_w、C_l、C_σ 为各量的相似常数。

对原型为

$$\frac{q_p l_p^2}{8\sigma_p W_p} \mp \frac{m_p}{2\sigma_p W_p} = 1 \tag{1—36}$$

对模型为

$$\frac{q_m l_m^2}{8\sigma_m W_m} \mp \frac{m_m}{2\sigma_m W_m} = 1 \tag{1—37}$$

将式(1—35)代入式(1—36)得

$$\frac{C_\sigma C_w}{C_q C_l^2} \cdot \frac{q_m l_m^2}{8\sigma_m W_m} \mp \frac{C_\sigma C_w}{C_m} \cdot \frac{m_m}{2\sigma_m W_m} = 1 \tag{1—38}$$

由式(1—38)知,要使模型与原型相似,必须使

$$\frac{C_\sigma C_w}{C_m} = \frac{C_\sigma C_w}{C_q C_l^2} = 1 \tag{1—39}$$

得出一般形式的相似判据为

$$\pi_1 = \frac{\sigma w}{ql^2}, \quad \pi_2 = \frac{\sigma w}{m} \tag{1—40}$$

可见,无量纲方程的各项就是相似判据。各物理量之间的关系式均可以写成相似判据方程。上例物理量为 $n=5$,而基本量纲 $k=3$,所以,相似判据为两个。

从上例还可见,彼此相似的系统,其相似判据不必利用相似指标导出,只要将各物理量之间的关系方程式转换成无量纲方程式,其方程式的各项就是相似判据。

3. 第三相似定理:若具有同一特性的两系统的单值条件相似,并且由单值条件导出来

的相似判据的数值相等,则两系统必定相似。或者说,系统彼此相似的必要和充分条件是:两系统的单值条件相似,并且由单值条件导出来的相似判据的数值相等。

例如,受静荷作用的结构,其应力为

$$\sigma = f(l, F, E, G) \tag{1—41}$$

式中:l——结构的几何尺寸;F——荷载;E——弹性模量;G——剪切模量。

将式(1—41)写成无量纲形式,则

原型为

$$\left. \begin{array}{l} \dfrac{\sigma_p l_p^2}{F_p} = \varphi\left(\dfrac{F_p}{E_p l_p^2}, \dfrac{E_p}{G_p}\right) \\[2mm] \dfrac{\sigma_m l_m^2}{F_m} = \varphi\left(\dfrac{F_m}{E_m l_m^2}, \dfrac{E_m}{G_m}\right) \end{array} \right\} \tag{1—42}$$

模型为

如果能使由单值条件所组成的相似判据的数值相等,即

$$\frac{F_p}{E_p l_p^2} = \frac{F_m}{E_m l_m^2}, \quad \frac{E_p}{G_p} = \frac{E_m}{G_m}$$

则原型与模型相似,其结果为

$$\frac{\sigma_p l_p^2}{F_p} = \frac{\sigma_m l_m^2}{F_m} \tag{1—43}$$

上述三个相似定理是相似理论的核心内容。第一定理又称相似正定理;第二定理又称 π 定理;第三定理又称相似逆定理,该定理确定了系统成为彼此相似的必要和充分条件。前两个定理确定了相似系统的基本性质。但它们都是在假定系统相似的基础上导出来的,未给出系统的充分条件,所以还不是判别全部相似性的法则,必须有第三定理才能构成完整的相似原理。在结构模型实验中,只有按上述三定理去考虑实验方案、设计模型、组织实施实验以及将实验所得的数据换算到原型上去,才能获得符合原型的客观实际结果。

1.4.4 量纲分析

量纲分析是根据描述系统的物理过程的物理量的量纲和谐原理,寻求物理过程中各物理量之间的关系而建立相似判据的方法。被测量的种类称为这个量的量纲。量纲又分为基本量纲和导出量纲。按质量系统时,其基本量纲可以分为长度[L]、时间[T]和质量[M],其余均为导出量纲;按绝对系统时,其基本量纲可以分为长度[L]、时间[T]和力[F],其余均为导出量纲。常用物理量的量纲表示法可以参考相关工程手册。量纲之间的相互关系有:

(1)两个物理量相等,是指数值相等、量纲相同;
(2)两个同量纲参数的比值是无量纲参数,其值不随所取单位的大小而变;
(3)量纲和谐是指在一个完整的物理方程中,等式两边各项的量纲必须相同;
(4)导出量纲可以和基本量纲组成无量纲组合,但基本量纲之间不能组成量纲组合;
(5)若在一个物理方程中共有 n 个物理量参数 $x_1, x_2, \cdots, x_n$ 和 k 个基本量纲,则可以组成 $n-k$ 个独立的无量纲组合(见第二相似定理)。

根据量纲的关系,可以证明两个相似物理过程相应的 π 数必然相等,仅仅是相对应各物理量之间数值大小不同。这就是用量纲分析求相似判据的依据。

综上所述,用量纲分析确定相似判据 π 时,只要弄清系统所包含的物理量的量纲,而无须知道描述该物理过程的具体方程和公式。因此,对寻求比较复杂的系统的相似判据,用量

纲分析法较为方便。但 π 值的取法有一定的随意性,特别是当系统的物理量越多时,其随意性就越大。所以,量纲分析中选择物理参数是有决定性意义的。如果不能正确选取相关参数,量纲分析就无助于模型设计。而物理参数的选择正确与否,取决于实验人员的专业知识与对所研究问题初步分析的正确程度。

1.4.5 模型设计

根据上面所介绍的相似原理,综合考虑模型的类型、模型的材料、实验的条件及模型制作条件等各种因素,确定出适当的物理量的相似常数。具体设计步骤如下:
(1)根据实验的目的、要求,选择适当的模型材料;
(2)根据实验的研究对象,依相似原理确定系统的相似判据;
(3)根据实验条件,确定模型的几何尺寸,即几何相似常数;
(4)根据由相似判据导出的相似条件,确定其他物理量的相似常数;
(5)绘制模型施工图,加工制作。

例如,要设计一个静力相似的模型,静力相似是指模型与原型的几何相似外,其所有物理作用也相似。结构静力学问题的物理量一般包括:
(1)结构原型的几何尺寸(长、宽、高);
(2)结构原型的静荷载,如集中力 F、力矩 M 及分布荷载(含自重);
(3)荷载作用点的位置坐标 x,y,z;
(4)结构原型的反应:线变形 δ、转角 φ、应力 σ 及应变 ε 等;
(5)结构原型材料性能:弹性模量 E、泊松比 μ、比重 ρ 等。

对于静力学相似系统,在模型设计时需满足下列相似条件:
(1)几何相似条件(含荷载作用位置)

$$\frac{X_m}{L_m}=\frac{X_p}{L_p},\quad \frac{Y_m}{L_m}=\frac{Y_p}{L_p},\quad \frac{Z_m}{L_m}=\frac{Z_p}{L_p} \tag{1—44}$$

为了满足该条件,需根据模型的制作及实验的具体条件综合考虑,选择一个恰当的几何相似常数 C_p(模型的缩尺比例可以参考相关资料)。

(2)荷载相似条件

在 $\dfrac{q_m}{E_m l_m}=\dfrac{q_p}{E_p l_p},\dfrac{F_m}{E_m l_m^2}=\dfrac{F_p}{E_p l_p^2},\dfrac{M_m}{E_m l_m^3}=\dfrac{M_p}{E_p l_p^3}$ 中只要使 $E_m=E_p$,荷载就相似。由于 E 是在比例阶段内工作,为此,要满足荷载相似条件时,要求正确选择模型材料和作用上的荷载。如果采用与原型相同的材料作模型材料时,这个条件就很容易得到满足。

(3)材料密度的相似条件

$$\frac{\rho_m L_m}{E_m}=\frac{\rho_p L_p}{E_p} \tag{1—45}$$

为了满足材料密度的相似条件,需要 $E_m=E_p$,且密度 ρ 与缩尺的相似常数 C_p 成反比。满足上述条件的模型材料是 ρ 大 E 小的特殊材料。因此,要满足材料密度相似条件往往比较困难。

(4)泊松比相似条件

$$\mu_m=\mu_p \tag{1—46}$$

泊松比是材料的一种固有常数,故要满足泊松比相似条件,就需选择与原型材料相同的模型材料。

综上所述,影响相似系统的物理量越多,相应的相似条件也越多,模型与原型的完全相似就越难以满足。所以,应根据实验的任务、目的及重要性等,尽量满足影响实验结果的主要物理量的相似条件,而忽略次要物理量的影响,或对次要物理量的分析以解析方法进行补充,或将系统分割使其部分相似来缓和。

其他的模型设计方法可以参考相关专著。

第 2 章 结构的几何组成规律与优化实验

§2.1 结构的几何组成规律实验(实验一)

2.1.1 实验目的

1. 验证无多余约束的几何不变体系的三个几何组成规则。
2. 掌握结构的瞬变、常变的特殊条件。
3. 了解刚片与链杆的互换性。

2.1.2 实验设备与结构组成

1. 预制一系列长、短不同(几何尺寸参照后面各模型而定)的两端有圆孔的杆件及螺栓,如图 2—1 所示。

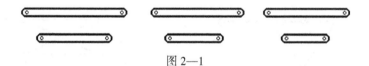

图 2—1

2. 预制下列各模型,如图 2—2 (1)~(38)所示。

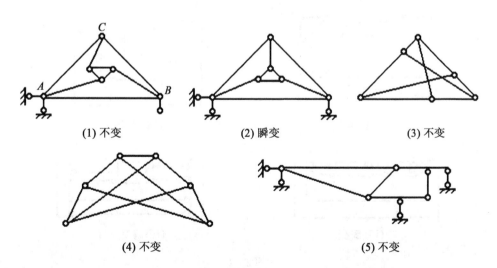

图 2—2

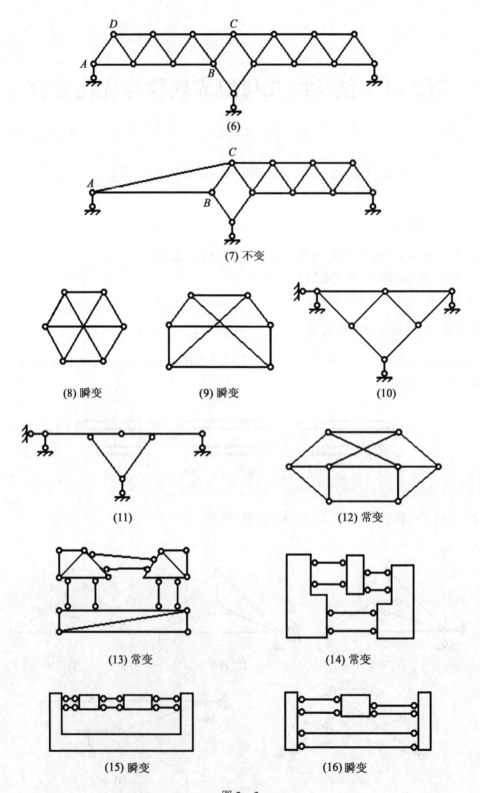

图 2—2

第 2 章 结构的几何组成规律与优化实验

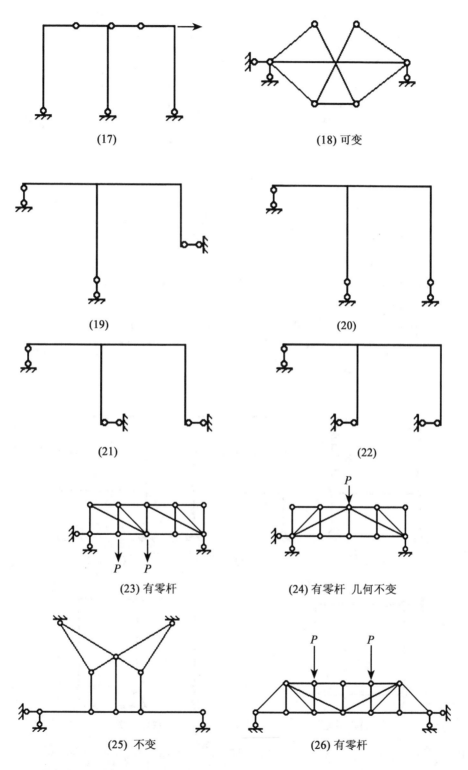

图 2—2

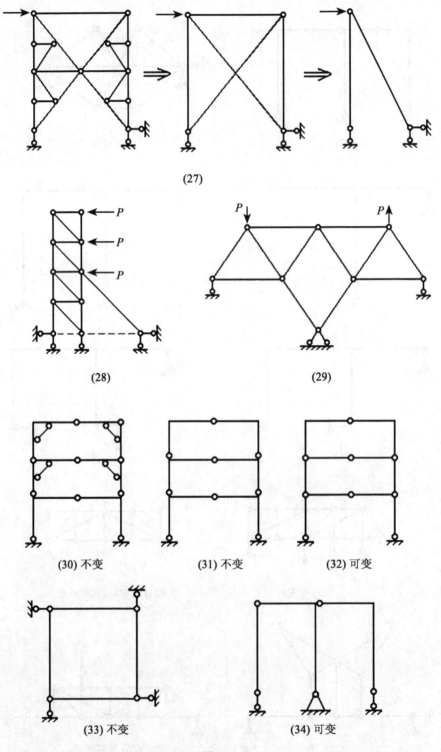

图 2—2

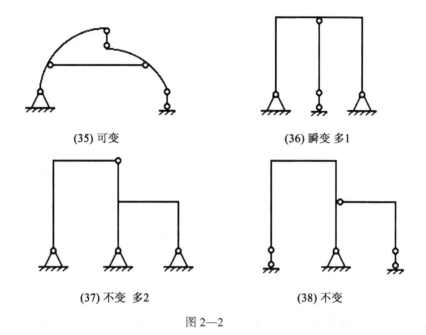

(35) 可变　　　　　　　　　(36) 瞬变 多1

(37) 不变 多2　　　　　　　(38) 不变

图 2—2

2.1.3　实验操作

1. 组装若干种无多余约束的几何不变体系。
2. 组装若干种瞬变体系和常变体系。
3. 将几何不变体系改成瞬变、常变体系。
4. 将几何瞬变及常变体系改成几何不变体系。
5. 对预制的模型分析：①按三个规则分析；②拆去二元体分析；③将三根连杆组成的大刚片用三角板刚片代替分析。

2.1.4　分析与思考

写一篇心得体会。

§2.2　结构优化实验

实际工程中,由于结构的组成形式(含构件的形状、位置、截面几何形状、大小、支座形式等)不同,其强度、刚度及稳定性也不同,适用条件也不同。同样的使用环境和相同的外力作用下,既满足其强度、刚度及稳定性要求,其材料用量亦最少、最经济的一种结构,就是最好、最优越的结构。这就是所指的结构优化问题。

例1　在材料力学中已研究过,从经济和安全方面来看,在受力、支座、材料、梁长等相同条件下,空心梁比实心梁优越,工字形梁比矩形截面梁好,矩形截面梁比圆形截面梁好;在矩形截面中,高比宽要大才好,即在矩形截面中长边作高(h),短边作宽(b)才好,而且在保证不发生侧面失稳的前提下,高(h)越大越好。

例2 等长的梁在相同的均布荷载作用下,两端固定比两端铰支的好。如图2—3(a)、(b)所示。其理由是两端固定的梁的中点弯矩$\left(M_{中}=\dfrac{ql^2}{24}\right)$和中点位移$\left(\delta_{中}=\dfrac{ql^4}{384EI}\right)$都比两端铰支的梁的中点弯矩$\left(M_{中}=\dfrac{ql^2}{8}\right)$、中点位移$\left(\delta_{中}=\dfrac{5ql^4}{384EI}\right)$小。

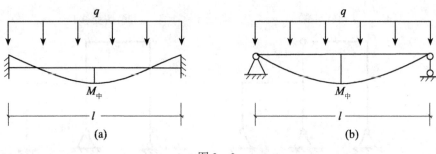

图2—3

例3 桁架比空腹梁更优越。如图2—4所示。由于矩形截面的实心梁图2—4(a)在中性层附近的正应力较小,这里的材料远未发挥其潜力。从经济学角度上看,可以将其挖去,如图2—4(b)或图2—4(c)所示。图2—4(b)中的工字梁的上、下翼缘抗弯曲,腹板抗剪切。同理,可以将其改成桁架。桁架上的上、下弦杆主要抗弯曲,其腹杆起到抗剪切作用,并可以维持整个截面的整体性。桁架节点做成铰接,使各杆成为链杆,只受轴向力,应力分布更均匀,达到更加节省的目的,经济性更好。

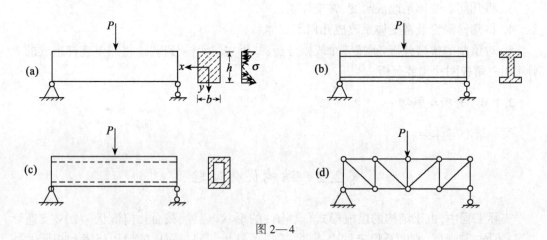

图2—4

下面做几个实验。

2.2.1 结构中构件截面的优化实验(实验二)

1. 实验目的
(1)验证例1所述理论的正确性;

(2) 提高对结构截面优化的认识；
(3) 初步了解应变片测试技术及其测试系统的使用方法。

2. 实验试件

在截面面积相同的情况下：
(1) 铝合金薄板：$l \times b \times \delta = 300\text{mm} \times 54\text{mm} \times 1\text{mm}$；
(2) 铝合金空心圆筒：$l = 300\text{mm}$，$R = 8\text{mm}$，$\delta = 1.2\text{mm}$；
(3) 铝合金槽钢两根：$l = 300\text{mm}$，$h = 20\text{mm}$，$b = 14\text{mm}$，$h' = 12\text{mm}$，$b' = 30\text{mm}$；
(4) 铝合金矩形截面杆：$l = 250\text{mm}$，$h = 9\text{mm}$，$b = 6\text{mm}$。

3. 实验设备

如图 2—5 所示：(1) 液压加载装置：由油泵（手动的）、管路系统、千斤顶、压力计、加载支架等组成；(2) 应变片；(3) 应变测试相关设备。

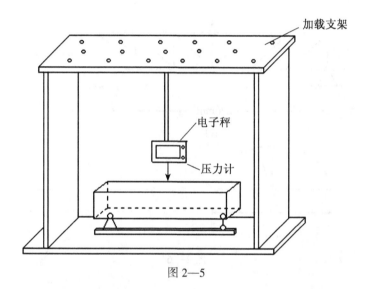

图 2—5

4. 实验操作方法

(1) 将应变片粘贴在各试件的相应位置上；
(2) 分别将各试件安放在加载支架上，施加相同的力，测出各试件的变形。每次测试都应重复进行 3~4 次，取其实验数据的平均值。

5. 分析与思考

(1) 从应变计算相应的应力，比较各试件的变形和应力。
(2) 各试件变形和应力的异同说明什么问题？

2.2.2 简单结构的优化实验（实验三）

1. 实验目的

(1) 验证例 2、例 3 所说理论的正确性；
(2) 提高对结构优化的认识；
(3) 进一步熟悉和掌握应变片测试技术及应变测试系统的使用方法。

2. 实验模型

(1)铝合金的两端固定梁结构和两端铰支梁结构各一个,均为矩形截面梁,如图2—6(a)、(b)所示,$l=270$mm,$b×h=30$mm$×45$mm。

(2)铝合金桁架一个,如图2—6(c)所示,各杆截面$b×h=3$mm$×5$mm。

(3)铝合金无铰拱一个,如图2—6(d)所示,$l=270$mm,$f=120$mm,拱截面面积:$b×h=30$mm$×2$mm。

(4)两端固定梁一个,$l=270$mm,$b×h=6$mm$×9$mm,如图2—6(e)所示。

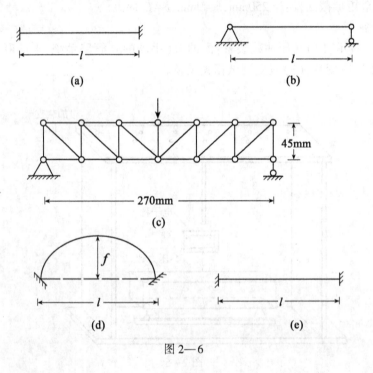

图2—6

3. 实验设备

(1)液压加载设备;(2)应变片;(3)应变测试的设备一套。

4. 实验操作方法

与实验二的方法相同。

5. 分析与思考

(1)由应变计算相应的应力。

(2)比较前三种模型的相应位置的最大应变值和最大应力值,从中可以得出什么结论?

(3)比较拱与梁的最大应变与最大应力,从中可以得出什么结论?

§2.3 桁架零杆的检测实验(实验四)

在某些特定荷载作用下,桁架某些杆件的内力等于零,这些杆件称为零杆。这类荷载是什么样的特定荷载呢?由理论证明得知,常见的零杆有两种情况:

1. 一个节点上只有相交的两根杆,若在该节点上无外荷载作用(如图 2—7(a)所示),则该两杆均为零杆。
2. 若三杆交于一节点,且其中两杆在一直线上,节点上没有荷载作用(如图 2—7(b)所示),则共线的两杆外的第三杆为零杆。

此外,在无荷载作用的四杆节点上,其中两杆共线,另外两杆在该直线的一侧,与直线夹角相等(如图 2—7(c)所示),如果该节点在桁架的对称轴上,而桁架所受的是对称荷载或反对称荷载,则该两杆均为零杆。

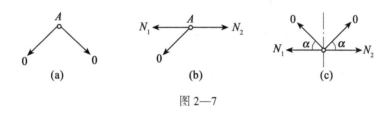

图 2—7

下面进行桁架零杆的检测实验。

2.3.1 测试目的

1. 验证上述理论的正确性;
2. 了解荷载变动后,零杆位置也随之变动的理由。

2.3.2 测试模型

测试模型如图 2—8 所示。

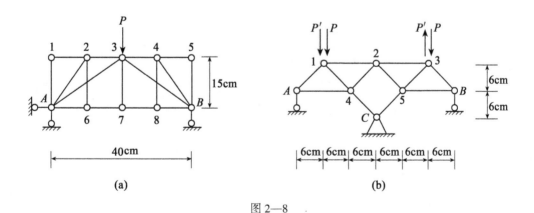

图 2—8

铝合金片截面的尺寸为 $b \times h = 4mm \times 8mm$。

2.3.3 测试仪器

(1) 静应变测试所用的仪器一套;
(2) 液压加载装置一套。

2.3.4 测试操作方法

1. 在图2—8(a)所示模型的1—2、2—3、5—B、2—6、3—7、6—7六根杆上粘贴应变片；在图2—8(b)所示模型的2—4、2—5、C—4、C—5、A—1、B—3六根杆上粘贴应变片。

2. 分别在模型图2—8(a)的3点加力P测试；在7点加力P测试；在1、5两点加力P测试；在6、8两点加力P测试。

3. 分别在模型图2—8(b)的1、3点加正对称力P和反对称力P'测试。

2.3.5 实验数据记录与处理以及思考与结论

1. 自行设计实验记录表格，并将实验数据填入表中。
2. 将实验模型2—8(a)的测试结果分别计算出各测试杆的应力，并进行比较。
3. 将实验模型2—8(b)的测试结果分别计算出各测试杆的应力，并进行比较。
4. 从比较结果得出什么结论？这些结论说明什么问题？
5. 如果再改变荷载作用位置，还会有什么结论？又说明什么问题？
6. 内力为零的杆件是否可以不要？为什么？试把零杆去掉，再做实验，看有什么结果？

第3章 结构静力学实验

结构的静力学实验包括:结构在静力作用下的强度、刚度及稳定性实验。

§3.1 结构在静力作用下的内力实验

这里所指的结构包括多跨静定梁、桁架及刚架等。

3.1.1 矩形截面梁弯矩的电测实验(实验五)

1. 实验目的

(1)电测法测量矩形截面梁在竖向集中力作用下的弯矩分布规律,并与理论计算值比较,以验证理论计算的正确性;

(2)进一步熟悉和掌握电阻应变测试技术和电阻应变仪的使用方法。

2. 实验模型

(1)如图3—1(a)所示,贴有电阻应变片的二跨矩形截面梁和温度补偿块。

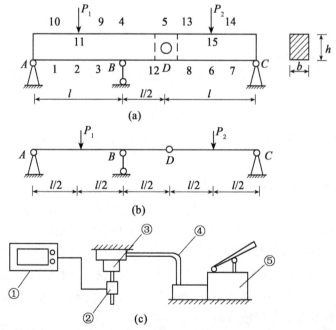

①—电子秤;②—油压泵及操作台;③—千斤顶;④—测力传感器;⑤—高压油管路系统

图3—1

(2)液压加载装置一套,如图3—1(c)所示。

液压加载是结构力学实验中较常用的实验加载方法。液压加载装置一般包括油压泵(手动和电动两种)、操纵台、高压管路系统、千斤顶、测力传感器、电子秤、加力支架等部分。使用液压千斤顶加力时,最好配置荷载维持器,以免因结构产生较大变形时,而难以保持所需要的荷载值。从操纵台出来的高压油经过分油器后,可以同时供给几个千斤顶使用,可以对结构各个加力点施加同步荷载。拉、压双作用千斤顶配以二位四通换向阀,如图3—2所示,便于进行往复循环加力,带有脉动油泵的脉动千斤顶还可以对试件进行疲劳实验。在结构力学实验的静力学实验中,大部分的模型较小,因此采用手动油泵即可。

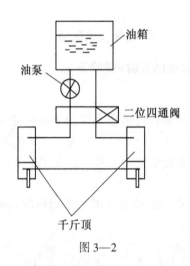

图3—2

3. 实验设备、器材和系统方框图

(1)液压加载装置一套、静态电阻应变仪、光线示波器或电子示波器、微机分析系统及预平衡箱等。

(2)游标卡尺、钢尺等。

(3)测试系统框图见§1.3中图1—1,静态测试系统框图。

4. 实验原理

如图3—1(a)所示,分别在梁AB和DC的中点加力P_1和P_2做两项实验,第1项在AB梁中点2处加P_1,用1、2、3、4、5、6、10、11、9、13位置的应变片测试;第2项在CD梁中点6处加P_2,用1、2、3、6、7、8、5、4、9、10、11、12、13、14、15位置的应变片测试。实验的原理是,当梁受力P后,电阻应变片随梁的弯曲变形而伸长或缩短,使自身的电阻改变。通过力学量的电测原理,利用电阻应变仪即可以测出各测点的梁横截面上的最大应变值$\varepsilon_{实}$。依据虎克定律可以求出各测点所在的梁横截面上的最大正应力$\sigma_{max}=E\cdot\varepsilon_{实}$,再依据材料力学中的正应力公式求得各测点处的弯矩值$M_i=\sigma_{max}\cdot W_i$。

实验采用等增量法,即每增加等量的荷载ΔP,测定一次各测点的应变增量。荷载可以分为3~5级,最终荷载P_m的选取,应依据梁的最大弯矩$M_{max}<(0.7~0.8)M_s$(M_s为材料的屈

服点时的弯矩值)。当加载到最后一级,测完各应变值后,即卸载。每项实验最少重复三次,最后取三次应变测试值的平均值来计算各截面的弯矩值。然后再与理论计算值进行比较,以期检验理论计算的正确性。

5. 实验步骤

(1)测量矩形梁的截面尺寸(宽度 b、高度 h)、各段梁的长度以及粘贴电阻应变片位置的尺寸等。

(2)根据梁截面尺寸、支座条件及材料的 $M_s = \sigma_s \cdot W$ 值,确定分级加载时每级的大小、级次以及最终荷载值。

(3)实验采用多点半桥公共补偿测量法,将 10 个(或 14 个)应变片和公共温度补偿片分别接到预调平衡箱上。根据电阻应变片灵敏系数 K 值调好电阻应变仪的灵敏系数。

(4)依照静态电阻应变仪的操作使用方法,利用给定的标准电阻对应变仪进行检验和调平衡,然后再对诸测点预调平衡。实验时应变仪采用零读数法。

(5)按照所拟定的加载方案逐级加载。每加一级荷载,相应测读一次各点的应变增量 $\Delta \varepsilon_i$,直至加到预计的最终荷载为止。然后,全部卸载,应变仪回到初始平衡状态。重复以上测试步骤最少三次,取其中三次测试的平均值计算。

(6)实验结束,卸载。关闭测试系统,清理现场。

6. 实验数据记录及其计算处理

(1)将实验梁的弹性模量、尺寸、测定位置、应变片灵敏系数、实验测得的有关荷载及其相应测点的应变值填入表 3—1 中,并计算其应变平均值、应力、弯矩的实验值和理论值,相对误差也列入该表中。

(2)将各点的 $M_\text{实}$ 和 $M_\text{理}$ 描绘在同一坐标方格纸上,以便进行比较和检验理论计算值的正确性。

7. 实验报告要求

(1)简述实验名称、实验目的、实验原理、实验步骤、实验仪器及实验系统方框图。

(2)提交如表 3—1 所列出的梁弯矩测量实验记录表,绘出实验值 $M_\text{实}$ 及理论计算值 $M_\text{理}$ 的梁的弯矩图,以示比较。

(3)实验误差原因分析。

8. 思考与分析

(1)电阻应变片是粘贴在梁的表面上的,为什么把测得的表面上的应变说成是梁横截面上的应变? 其依据是什么?

(2)读者可以按第二项方案,或自行设计一方案,将实验结果进行比较。

(3)使用电阻应变仪时,为什么要预调平衡? 怎么调法? 不设置温度补偿片行否? 为什么?

表 3—1　　　　　　　　　　梁的弯矩测量实验记录表

原始数据	梁的长度 $AB=$ mm $BD=$ mm $DC=$ mm	截面宽度 $b=$ mm	截面高度 $h=$ mm	截面模量 $W_i=$ mm³	力作用点至支点 A 的距离 $a=$ mm	弹性模量 $E=$ MPa	电阻应变片灵敏系数 $K=$

荷载/N		电阻应变仪读数														
		测点1		测点2		测点3		测点4		测点5		测点6		测点7		测点8
		读数	误差	读数	误差	读数	误差	读数	误差	读数	误差	读数	误差	读数	误差	读数	误差
第一次	P_1																
	P_2																
	P_3																
第二次	P_1																
	P_2																
	P_3																
第三次	P_1																
	P_2																
	P_3																
第四次	P_1																
	P_2																
	P_3																
应变平均值																	
实验值 $\sigma_实$																	
实验值 $M_实=\sigma_实 \cdot W_i$																	
理论值 $\sigma_理$																	
理论值 $M_理=\sigma_实 \cdot W_i$																	
相对误差 $\delta=(M_实-M_理)\times100\%/M_理$																	

3.1.2　桁架杆件内力的电测实验(实验六)

1. 实验目的

(1)验证桁架内力的理论计算的正确性;
(2)验证桁架内力只存在轴力的正确性;
(3)学习和掌握实验记录表格的设制方法。

2. 实验模型

如图 3—3 所示,桁架各截面 $b×h=2$mm×15mm,杆长 $a=150$mm,材料:铝合金。

分别在桁架的 AC、CD、AF、CF、DF 上每一侧粘贴一片应变片,而在 FG 杆上每一侧粘贴二片应变片,如图 3—3(b)、(c)所示。

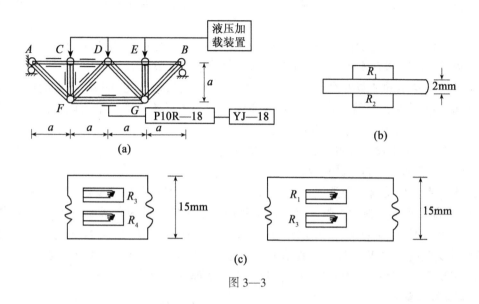

图 3—3

3. 实验设备与器材

(1)液压加载装置一套(实验五中的图 3—1(c)所示)。

(2)静态电阻应变仪(如 YJ—18)、光线示波器或电子示波器、计算机处理系统及预调平衡箱。

(3)游标卡尺、钢尺等。

4. 实验原理

当桁架各节点 A、C、D、E、B 或 F、G 分别受力 P 后,电阻应变片随着桁架各杆件拉、压变形而伸长或缩短,使自身的电阻改变。通过力学量的电测原理,利用电阻应变仪即可以测出桁架各杆件测点的横截面上的应变值 $\varepsilon_实$。再依据虎克定律即可以求出各测点横截面上的应力及内力值,即 $\sigma_实 = E \cdot \varepsilon_实$,$N_{i实} = A_i \cdot \sigma_实$。

CF、DF 杆左、右两面各粘贴一片应变片,其目的是检验左、右两边的应力是否相同;而在 FG 杆的一侧不同位置上粘贴二片应变片,其目的是检验同一杆件的不同位置或不同截面的应力是否相同。

实验也是采用等增量法。即每增加等量的荷载 ΔP,测定一次各点相应的应变增量。荷载可以分为 3~5 级,最终荷载 P_m 的选取,是依据 $P_m < (0.7 \sim 0.8) P_s$ (P_s 为材料的屈服内力)。当加载到最后一级,测完各应变值后,即卸载。这项实验最少重复三次,最后取三次应变测试值的平均值来计算各点实验内力值。然后再与理论计算值进行比较,以检验理论计算的正确性。

5. 实验步骤

(1)测量桁架各杆件长度和截面尺寸,并弄清楚各杆件粘贴应变片的位置和作用。

(2)根据桁架型式、支座条件及杆件材料的 σ_s 值,确定分级加载时每级的大小、级次和最终荷载值。

(3)实验采用多点半桥和全桥公共补偿测量法,将模型上 14 个应变片和公共温度补偿片分别接到预调平衡箱上。根据电阻应变片给定的灵敏系数 K 值调好电阻应变仪的灵敏系数。

(4)依照静态电阻应变仪的操作使用方法,利用给定的标准电阻对应变仪进行检验和调平衡,然后再对诸测点预调平衡。实验时应变仪采用零读数法。

(5)按照所拟定的加载方案逐级加载。每加一级荷载,相应测读一次各点的应变增量 $\Delta\varepsilon_i$,直至最终荷载为止。然后全部卸载,应变仪回到初始平衡状态。重复以上测试步骤最少三次,取其中三次测试值的平均值计算。

(6)实验结束,卸载。关闭测试系统,清理现场。

6. 实验数据记录及其计算处理

(1)实验者自行设制一个类似表 3—1 那样能容纳原始数据:桁架支座型式、各杆长、截面尺寸(长、宽及面积)、弹性模量 E、荷载作用位置、电阻应变片灵敏系数 K 以及测量数据(加荷载次数、电阻应变的各测点读数、测量的应变平均值、实验的应力 $\sigma_{实}$、理论计算的 $\sigma_{理}$、各杆的实验内力值 $N_{i实}$、理论计算值 $N_{i理}$ 和其相对误差)等内容的实验记录表。

(2)实验者再设制一个桁架各杆的实测内力值及理论内力值的比较表。

7. 实验报告要求

(1)简述实验名称、实验目的、实验原理、实验仪器及实验系统方框图、实验步骤及结果分析。

(2)给出实验者自行设制的两个表格内容。

(3)实验误差原因分析。

8. 思考与分析

想一想在本实验中哪些杆件可能是零杆?在什么情况下出现?哪些杆件可能存在压杆稳定问题?在什么情况下出现?

3.1.3 刚架的静内力测量实验(实验七)

1. 实验目的

(1)掌握刚架在静力作用下的内力测量方法;

(2)了解电阻片的布设位置;

(3)验证理论计算的正确性。

2. 实验模型

如图 3—4 所示,实验模型为一双层对称空间刚架,荷载作用在其对称平面上,根据刚架的空间对称性,可以将作用荷载分解到与其对称平面处于对称位置的两个平面刚架上。这样将空间刚架简化为平面刚架,可以大大减少计算的复杂程度,也减少了测量点的数目。测量点一般选择在结构上最大应变的位置。在 A、B、C 节点及 D、E 测点上粘贴应变片。

3. 实验原理

与梁的内力测量一样,在空间刚架被选择的位置上贴上电阻片,在静荷载的作用下,刚架(梁、柱等)将发生变形,通过静态电阻应变仪即可以测出其静应变。

实验仍采用等增量法。这次实验最少重复三次,最后取三次应变测量值的平均值计算各点的实验弯矩值。

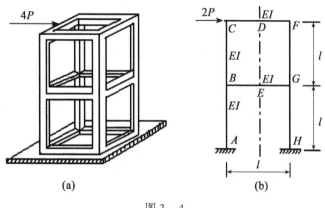

图 3—4

4. 实验仪器设备及测试系统方框图

(1) 已粘贴好的应变片的实验模型及温度补偿片;
(2) 静态应变仪及预调平衡箱;
(3) 液压加载装置一套(见实验五中的图 3—1(c));
(4) 游标卡尺、钢尺等。

实验装置与仪器方框图,如图 3—5 所示。

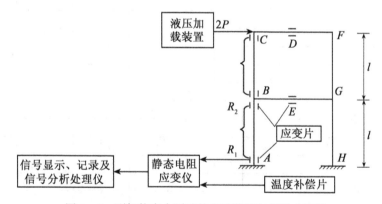

图 3—5 刚架静内力测试的实验装置与仪器方框图

5. 实验步骤

(1) 量测刚架的梁、柱长 l 及截面的几何尺寸(宽 b、高 h),标出力 P 作用的位置尺寸及粘贴应变片的位置尺寸等。

(2) 根据刚架几何尺寸、材料的弹性模量 E 及屈服应力 σ_s 等,确定分级加载时每级荷载的大小、级次和最终荷载值。

(3) 实验采用多点半桥公共补偿测量法,将各个应变测量值和公共温度补偿片分别接到预调平衡箱上。根据应变片所给出的灵敏系数 K 值调好应变仪的灵敏系数。

(4) 依照静态电阻应变仪的操作使用方法,利用给定的标准电阻对应变仪进行检验及调平衡,然后再对诸测点预调平衡。实验时应变仪采用零读数法。

(5)按照所拟定的加载方案逐级加载。每加一级荷载,相应测读一次各点的应变增量 $\Delta\varepsilon_i$,直至加到预计的最终荷载为止。然后全部卸载,应变仪回到初始平衡状态。重复上述测试最少三次,取其中三次实测值的平均值作为实验值。

(6)卸载、关闭应变仪、清理现场,实验结束。

6. 实验数据记录及其计算过程

(1)将实验模型的弹性模量 E、刚架几何尺寸、截面尺寸、截面模量 W_i、应变片布设位置、应变片的灵敏系数 K、实验测得的有关荷载及其相应测点的应变值等填入表3—2中,并将计算出的应变平均值、内力实验值和理论值、相对误差等也列入该表中。

(2)分别用蓝、红两种颜色绘出刚架的 $M_实$ 图和 $M_理$ 图便于进行比较、检验理论计算值的正确性。

表3—2　　　　　　　　　刚架内力测量实验记录表

原始数据	梁的长度 $h=$ 柱截面高 $l=$	梁截面宽 $b_1=$ 柱截面宽 $b_2=$	梁截面高 $h_1=$ 柱截面高 $h_2=$	梁截面模量 $W_1=$ 柱截面模量 $W_2=$	力作用点	应变片布置位置	电阻应变片灵敏系数 $K=$	弹性模量 $E=$

荷载/N		电阻应变仪读数															
		测点1		测点2		测点3		测点4		测点5		测点6		测点7		测点8	
		读数	误差	读数	误差	读数	误差	读数	误差	读数	误差	读数	误差	读数	误差	读数	误差
第一次	P_1																
	P_2																
	P_3																
第二次	P_1																
	P_2																
	P_3																
第三次	P_1																
	P_2																
	P_3																
第四次	P_1																
	P_2																
	P_3																
应变平均值 $\varepsilon_{平均}$																	
实验值 $\sigma_实$																	
实验值 $M_实=\sigma_实 \cdot W_i$																	
理论值 $\sigma_理$																	
理论值 $M_理=\sigma_实 \cdot W_i$																	
相对误差 $\delta=(M_实-M_理)\times 100\%/M_理$																	

7. 实验报告要求

(1)简述实验名称、实验目的、实验原理、实验仪器、实验系统方框图、实验方法步骤及结果分析和意见。

(2)填写实验表表 3—2 中的内容及绘出刚架的 $M_实$ 图和 $M_理$ 图。

(3)实验误差原因分析,指出改进办法。

附:刚架内力的理论计算。

如图 3—4(a)所示,为一双层对称空间刚架,该刚架由相同材料、长度和截面的梁和柱用刚性节点组成。刚架用螺栓固定在刚性很好的底板上,是一个超静定结构。在外力作用下,刚架将产生变形。利用电测实验手段,可以测得刚架上多点的内力,也可以用理论方法计算其各点的内力。

由于刚架是一个对称空间刚架,当外力作用在其对称平面上时,可以将外力平均分配到与对称平面的两个对称位置上的两个平面刚架上。这样就可以将空间刚架问题简化成平面刚架问题,如图 3—6(a)所示。只需计算平面刚架的内力和变形就可以了。

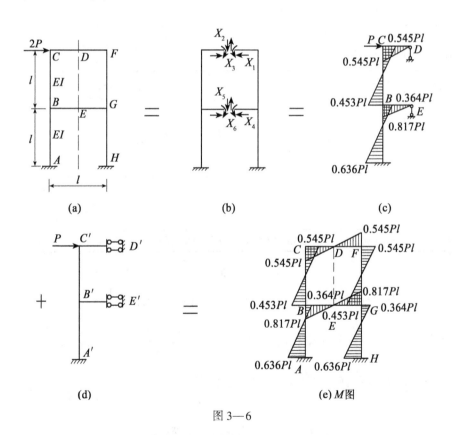

图 3—6

按力法计算图 3—6(a)所示的平面刚架时,该计算问题是 6 次超静定问题,如图 3—6(b)所示。若利用对称性可以将之简化,如图 3—6(c)、(d)所示。这样求解系数和自由项时,有些系数和自由项为零,求解结果 $x_2=x_4=x_5=0$,只剩下 $X_1=-\dfrac{P}{2}$ 及 $\begin{cases}\delta_{33}X_3+\delta_{36}X_6+\Delta_{3P}=0\\ \delta_{63}X_3+\delta_{66}X_6+\Delta_{6P}=0\end{cases}$,解之得 X_3 及 X_6,

然后将 M 图叠加即得最后结果(如图 3—6(e)所示)。另外,若用无剪力力矩分配法计算更为简单。求解过程是,仍然依对称性得出图 3—6(c)及图 3—6(d)。然后,按无剪力力矩分配法列表计算,如表 3—3 所示,结果便得 M 图(如图 3—6(e)所示)。

表 3—3　　　　　　　　反对称结构简图图 3—6(c)的计算表

节点	A	B			C	
杆端	AB	BA	BE	BC	CB	CD
杆端抗弯刚度 K		EI/l	$6EI/l$	EI/l	EI/l	$6EI/l$
分配系数 μ		0.125	0.75	0.125	0.143	0.857
传递系数 c		-1	0	-1	-1	0
固端弯矩 M^F	$-0.5Pl$	$-0.5Pl$	0	$-0.5Pl$	$-0.5Pl$	0
B 点分配与传递	$-0.125Pl$	$0.125Pl$	$0.75Pl$	$0.125Pl$	$-0.125Pl$	
C 点分配与传递				$-0.089Pl$	$0.089Pl$	$0.536Pl$
B 点分配与传递	$-0.011Pl$	$0.011Pl$	$0.067Pl$	$0.011Pl$	$-0.011Pl$	
C 点分配与传递					$0.002Pl$	$0.009Pl$
$\sum M$	$-0.636Pl$	$-0.364Pl$	$0.817Pl$	$-0.453Pl$	$-0.545Pl$	$0.545Pl$

表 3—3 中:固端弯矩 $M_{CB}^F = M_{BC}^F = -\frac{1}{2}Pl = -0.5Pl$;$M_{BA}^F = M_{AB}^F = -\frac{1}{2}Pl = -0.5Pl$。

刚架的正应力 $\sigma = \dfrac{M}{W}$,这里梁柱的抗弯截面模量 $W = \dfrac{bh^2}{6}$。b、h 分别为梁柱截面的宽和高。则其静应变为 $\varepsilon = \dfrac{\sigma}{E}$,$E$ 为刚架材料的弹性模量。

§3.2　结构的静变形实验

实际工程中的结构不仅要满足强度要求,而且还要满足刚度要求。例如,一座大桥的刚性不好,变形较大,就容易产生较大的上下摆动或左右摇晃,由于大桥的刚度不够,不能正常使用。因此,变形实验是结构静力实验的重要内容之一。在此,将对梁、刚架和桁架等结构做静变形实验。

3.2.1 梁的静挠度实验(实验八)

1. 实验目的

(1)测量悬臂梁在集中力作用下的挠度,检验理论计算的正确性;
(2)验证虚功原理中的位移互等定理;
(3)比较两种梁的刚度。

2. 实验试件

碳钢矩形截面梁和碳钢T形截面梁各一根,梁长及梁截面尺寸如图3—7所示。

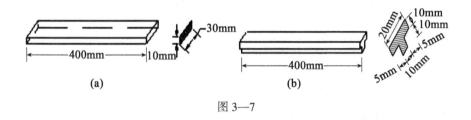

图 3—7

3. 实验仪器

(1)挠度测量仪;
(2)百分表;
(3)游标卡尺、钢尺等。

4. 实验方法及步骤

挠度测量仪如图3—8所示。

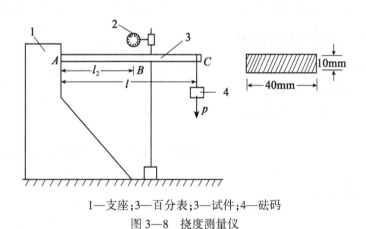

1—支座;3—百分表;3—试件;4—砝码
图 3—8 挠度测量仪

(1)将矩形截面($b=30$mm,$h=10$mm)梁 AC 的一端 A 固定在支座"1"上,在自由端 C 处悬挂砝码 P"4",用百分表"2"测量 B 点处的挠度,得到 y_{BC};然后在 B 点处加上同样大的砝码,又测得 C 处的挠度 y_{CB}。同样的测试要进行3~5次。取其实验数据的平均值作为测试结果。

(2)将矩形截面($b=10$mm,$h=30$mm)梁 AC 的一端 A 固定在支座"1"上,在自由端 C

处悬挂与前一次实验相同的砝码 P "4",用百分表"2"测量 B 点处的挠度,得到 y'_{BC}。重复做 3~5 次,取其实验数据的平均值作为测试结果。

(3)将 T 形截面梁 AC 的一端 A 固定在支座"1"上,在自由端 C 处悬挂与前两次实验相同的砝码 P "4",用百分表"2"测量 B 点处的挠度,得到 y''_{BC}。重复做 3~5 次,取其实验数据的平均值作为测试结果。

5. 实验数据记录及分析处理

(1)参考表 3—1,自行设计实验记录表格,并将实验数据填入实验记录表中。

(2)将所测的结果 y_{BC}、y'_{BC} 与理论值进行分析比较。其理论值可以按下式计算

$$(y_{BC})_{理论} = -\frac{PL_1^2}{6EI}(3L-L_1)$$

式中:P——砝码重量;
  EI——梁的抗弯刚度;
  L——梁的长度;
  L_1——测点 B 与固端 A 的距离。

(3)比较所测结果 y_{BC} 与 y_{CB},验证位移互等定理。

(4)比较所测结果 y_{BC}、y'_{BC}、y''_{BC},看哪种截面型式的刚度好。

6. 实验误差的计算分析

(1)计算实验测量值的相对误差大小

$$\delta = \frac{y_{BC实} - y_{BC理}}{y_{BC理}} \times 100\%$$

(2)分析产生误差的原因。

7. 思考与分析

如果试件改为高强度合金钢梁,在与上述完全相同的条件下测试其挠度,其结果说明什么?

3.2.2 刚架的静变形实验(实验九)

1. 实验目的

(1)掌握刚架静变形的测量方法;
(2)验证理论计算值的正确性。

2. 实验模型

如图 3—9 所示。碳钢或铝合金材料的对称矩形截面刚架。$l = 300$mm,梁柱截面 $b \times h = 10$mm×3mm。

3. 实验设备及仪器

(1)挠度测量仪;
(2)百分表;
(3)游标卡尺、钢尺等。

4. 实验方法

如图 3—9 所示,在刚架的 CF 中点 D 处悬挂砝码,分别测量 D、E 两点处的变形 y_D 及 y_E。然后在 BG 中点 E 处悬挂砝码,分别测量 D、E 两点的变形 y'_D 及 y'_E。每回测试,都应重复进行 3~5 次,取其实验数据的平均值。

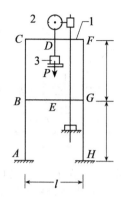

1—刚架模型；2—百分表；3—加载砝码
图 3—9 刚架静变形测试图

5. 实验数据记录和分析处理

(1) 自行设制实验记录表格，并将实验数据填入实验记录表中。

(2) 将测量值 y_D 及 y_E 与理论计算值分析比较。超静定刚架的位移理论计算值 $y_{理}$ 是采用超静定刚架位移计算方法求解。实验者自己完成。

6. 实验误差计算及分析

(1) 采用公式 $\delta=\dfrac{y_{实}-y_{理}}{y_{理}}\times 100\%$ 计算其相对误差大小。

(2) 分析产生误差的原因。

7. 思考与分析

如果刚架在 C 点受到一水平力 P 作用，若要测试 F 点的水平变形，试设计一套实验装置，即应如何对刚架加力和测试其水平变形。

3.2.3 桁架的静变形实验（实验十）

1. 实验目的

(1) 掌握桁架静变形的测量方法；

(2) 验证理论计算值的正确性。

2. 实验模型

如图 3—10 所示的桁架，各杆截面均为 $b\times h=3\text{mm}\times 5\text{mm}$，竖杆及上、下弦杆长为 75mm，斜腹杆为 $75\sqrt{2}\text{mm}$。材料：铝合金或碳钢。

3. 实验设备及仪器

(1) 挠度测量仪；

(2) 百分表；

(3) 游标卡尺、钢尺等。

4. 实验方法

桁架静挠度测量图如图 3—10 所示。在桁架 6、7、8 节点处悬挂砝码，用百分表②测量

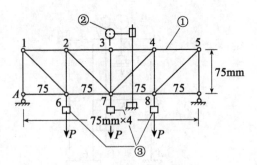

①—桁架;②—百分表;③—加载砝码

图3—10 桁架静挠度测量图

3、4节点处的竖向变形 y_3、y_4。每回测试都要重复 3~5 次,取其实验数据的平均值。

5. 实验数据记录及处理

(1)自行设制实验记录表格,并将实验数据填入实验记录表中。

(2)将测量值与理论计算值进行分析比较。其理论计算值 $y_{理}$ 可以通过静定桁架求位移计算的方法计算。

6. 实验误差计算及分析

(1)通过式 $\delta = \dfrac{y_{实} - y_{理}}{y_{理}} \times 100\%$ 计算实测值的相对误差大小。

(2)分析产生误差的原因。

7. 思考与分析

如果桁架各杆横截面积加大到 $b \times h = 5mm \times 7mm$,在同样砝码的作用下,则其静变形是否变化?为什么?

§3.3 结构的稳定性实验

实际工程中的结构除了满足强度和刚度条件外,还要满足其稳定性的要求。稳定性问题对单个压杆重要,同样对梁、刚架、桁架及拱等结构都很重要。例如对于一细长杆件,若其轴向压力还没有达到某一限度时,杆件的轴线能保持原有的直线状态。当压力达到某一临界值时,杆件就会突然地改变原来的直线平衡状态而被破坏,这就是所谓的"失稳"。此外,薄壁壳体受外压,薄壁杆件受弯曲或扭转时,也可能出现失稳。对于刚架或桁架受力后,也可能出现失稳。其失稳有两种可能,一是单个受压杆件失稳,二是整体失稳。因此,结构的稳定性实验也非常重要。

压杆稳定性实验是稳定问题中的典型实验,同时,有些刚架或桁架的稳定问题也可以简化为单个压杆的稳定问题。因此必须先做压杆稳定实验,然后再做其他结构的稳定实验。

3.3.1 压杆稳定实验(实验十一)

1. 实验目的

(1)观察压杆的失稳现象;

(2)测量两端铰支压杆的临界压力 P_{ij}。

2. 实验试件

高强度钢矩形截面细长杆,两端制成刀刃状。$l=300\text{mm}$,$b \times h = 5\text{mm} \times 2\text{mm}$。

3. 实验设备及仪器

(1)材料试验机(或液压加载装置);
(2)千分表或电阻应变仪;
(3)游标卡尺、钢尺等。

4. 实验原理和方法

对于轴向受压的两端铰支理想细长直杆,按小变形理论其临界荷载可以由欧拉公式求得

$$P_{ij} = \frac{\pi^2 E I_{\min}}{l^2}$$

式中:E——材料的弹性模量;
$I_{\min}$——压杆截面的最小惯性矩;
l——压杆长度。

如图3—11(a)所示,将试件安装在材料试验机的稳定实验装置的V形支座中,则其两端可以视为铰支座如图3—11(b)所示。然后,缓慢加载,当 $P \leq P_{ij}$ 时,压杆保持原有的直线平衡结构处于平衡状态,即其挠度 δ 增加极其缓慢;当 $P = P_{ij}$ 时,压杆即处于临界状态,可以在微弯情况下保持平衡状态,即其挠度 δ 开始急剧增加,如图3—11(c)中的 $OA'B'$ 曲线所示。$OA'B'$ 曲线的渐近线 AB 线以下的 OA 即为要测量的临界压力 P_{ij} 的大小。

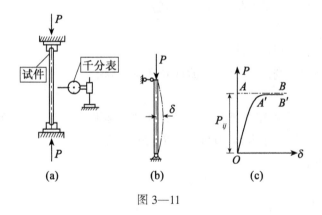

图3—11

测量试件中点的变形有很多方法。如加力 P 用千分表可以测出中点的挠度 δ 便得到 P—δ 曲线;若贴应变片用电测法,加力 P 可以测出中点的应变 ε_i,可以得到 P—ε 曲线。这里限于篇幅其他方法不多介绍。

5. 实验步骤

(1)首先量测试件的长度 l、截面的宽度 b 和厚度 t。试件厚度对临界荷载影响很大,要测量准确,为此在试件长度方向上测量5~6处厚度,取其平均值,以此计算截面的最小惯性

矩 I_{min}。将测好的试件安装在材料实验机的稳定实验装置的 V 形支座中。

(2) 安置好千分表或粘贴应变片并接线到静态应变仪上,预加载,调试等。

(3) 为保证试件失稳时不发生屈服,实验前应根据欧拉公式估算实验的最大许可荷载 P_{max}。并在 P_{max} 的 80% 范围内,分 4~5 级等增量加压,测量出每一增量的相应变形量 δ(或应变 ε_i)。接近失稳时,加荷量应尽量小,改为以变形控制,变形每增加一定数值,即读取一荷载值 P_i,直到 ΔP 变化很小,渐近线的趋势已经明显为止。

6. 实验数据处理及误差分析

(1) 根据测得的试件压力与挠度的系列数据,绘出试件的 P—δ 曲线,进而确定压杆的临界压力 P_{ij} 的实验值(重复实验三次,取它们的平均值为实验值)。

(2) 由欧拉公式 $P_{ij} = \dfrac{\pi^2 EI_{min}}{l^2}$ 计算出临界压力 P_{ij} 的理论值。

(3) 将实验值与理论值进行比较,计算出相对误差,并进行分析讨论。

7. 实验报告要求

(1) 写出实验名称、实验的目的与要求、实验原理、实验设备与实验框图;

(2) 简述实验过程,绘出 P—δ 曲线,描述失稳现象;

(3) 给出临界压力的实验值;

(4) 计算相对误差值,并分析产生误差的原因。

3.3.2 刚架的稳定实验(实验十二)

刚架在荷载作用下也有失稳问题。刚架的稳定实验可以用刚架整体做模型,有时也可以用单根压杆做模型代替刚架整体做稳定实验。

1. 实验目的

(1) 观察刚架失稳过程(现象);

(2) 测量指定刚架的临界压力 P_{ij},验证其理论计算值。

2. 实验模型

如图 3—12 所示,为各梁柱都是高强度钢矩形截面刚架。A、B、C、D 为铰,其柱与梁的材料相同,且截面相同,尺寸为 $l = 300\text{mm}$,$b \times h = 5\text{mm} \times 2\text{mm}$。

3. 实验设备及仪器

(1) 万能实验机(或液压加载装置);

(2) 千分表或电阻应变仪;

(3) 游标卡尺、钢尺等。

4. 实验原理和方法

本实验与压杆稳定实验原理和方法相同。本实验模型的临界荷载的理论计算值可以由下面的方法确定。

该模型在 B、D 两点分别作用的中心压力为 P 与 $2P$。该模型有三种可能的失稳形式:

(1) 左柱弯而不偏 $P'_{ij} = \dfrac{\pi^2 EI_{min}}{l^2} = \dfrac{9.87 EI_{min}}{l^2}$。

(2) 右柱弯而偏 $2P''_{ij} = \dfrac{\pi^2 EI_{\min}}{l^2}$,即 $P''_{ij} = \dfrac{\pi^2 EI_{\min}}{2l^2} = \dfrac{4.93EI_{\min}}{l^2}$。

(3) 刚架侧移(不管两柱是否弯曲),此时可以简化为单根压杆的侧移失稳问题。假设刚架向右侧移 δ 后失稳,现取左柱 AB(见图 3—13(a))研究,上端 B 为一抗移弹簧,其刚度 K 包括两部分:一部分为中间 T 形刚架 $BEDF$ 的作用,其刚度为 K_1,由图 3—13(b)按力矩分配法求得 $\overline{M}_1$ 图后,再由剪力平衡算得其刚度 $K_1 = \dfrac{42EI_{\min}}{5l^3}$;另一部分为 CD 柱的作用,这是一个"负弹簧",刚度系数为 $K_2 = -\dfrac{P_D}{l} = -\dfrac{2P}{l}$。则 $K = K_1 + K_2 = \dfrac{42EI_{\min}}{5l^3} - \dfrac{2P}{l}$。由图 3—13(a),对 A 点取矩,即 $\sum M_A = 0$,得 $P\delta - K\delta l = 0$,即 $P\delta - \left(\dfrac{42EI_{\min}}{5l^3} - \dfrac{2P}{l}\right)\delta l = 0$,解上述方程得

$$P'''_{ij} = P = \dfrac{42EI_{\min}}{15l^2} = \dfrac{2.8EI_{\min}}{l^2}。$$

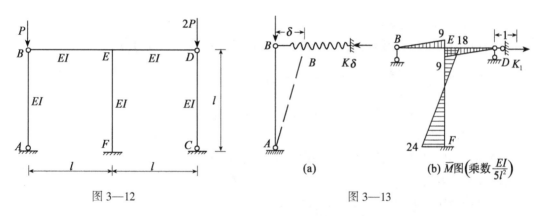

图 3—12   图 3—13

由以上三种情况中选取最小的 P_{ij} 值,作为最后的临界荷载 $P_{ij} = \dfrac{2.8EI_{\min}}{l^2}$。显然,此时左、右两柱均未弯曲,但整个刚架已发生侧移,失去稳定。本实验的刚架失稳的临界荷载理论值为 $P_{ij} = \dfrac{2.8EI_{\min}}{l^2}$。

5. 实验步骤

(1) 首先测量刚架模型的梁、柱的长度 l、柱截面的宽度 b 和厚度 t。同样要在柱子长度方向测取 5~6 处厚度数据,取其平均值来计算最小惯性矩 $I_{\min}$。

(2) 正确安装好刚架模型,并装好千分表,如图 3—14 所示。加力支架横梁 $B'OD'$ 长 60cm。万能机(或液压加载装置)的加力点作用在 O 点上,横梁的 B' 和 D' 分别作用在刚架的 B、D 点上,$B'O:OD' = 2:1$。

(3) 在预估的临界荷载值的 80% 之内,分 4~5 级等增量加压。然后,根据 $P \sim \delta$ 曲线的连续性确定加载增量。在接近预估的临界荷载值前,荷载增加应尽量小,以便更精确地测得 P_{ij} 值。

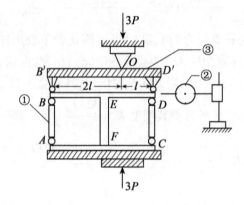

①—模型；②—千分表；③—加力支架

图 3—14

6. 实验数据处理及误差分析

(1)根据所测 P、δ 系数数据，绘出刚架 $P\sim\delta$ 曲线，确定临界荷载值 P_{ij}；

(2)由公式 $P_{ij} = \dfrac{2.8EI_{\min}}{l^2}$ 计算其临界荷载的理论值；

(3)将 $(P_{ij})_{实}$ 与 $(P_{ij})_{理}$ 作比较，计算出相对误差，并进行误差分析。

7. 实验报告要求

(1)写出实验名称、实验目的、实验原理、实验装置及实验简图；

(2)简述实验过程，绘出 $P\sim\delta$ 曲线，描述失稳现象；

(3)给出该刚架的临界荷载 P_{ij} 的实验值；

(4)将 $(P_{ij})_{实}$ 与 $(P_{ij})_{理}$ 作比较，计算相对误差，并分析产生误差的原因。

3.3.3 桁架稳定性的实验(实验十三)

桁架受力后有两种可能的失稳形态：一是单个压杆的失稳；二是桁架整体失稳，这种失稳现象主要发生在自身平面内的类似深梁的侧向失稳。这里只做单个压杆稳定实验。

1. 实验目的

(1)观察桁架的单个压杆失稳现象；

(2)给出桁架单个压杆失稳时的临界荷载值；

(3)验证理论计算值。

2. 实验模型

如图 3—15 所示桁架。各杆横截面为矩形截面，其尺寸为：$b \times t = 16\text{mm} \times 1.5\text{mm}$，材料：碳钢或高强度钢。

3. 实验设备及仪器

(1)万能实验机或液压加载装置；

(2)千分表；

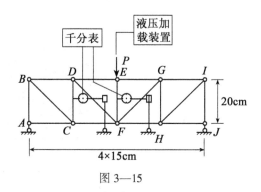

图 3—15

(3) 游标卡尺、钢尺等。

4. 实验原理

桁架在理想情况下,各杆只受轴力作用,且相当于两端为铰支座的简支梁。如果在各杆截面相同的桁架中某杆受到较大的中心压力作用,就相当于两端铰支的细长受压杆的稳定性存在问题。若该压杆失稳,则整体桁架也将失去承载能力。显然,测出该压杆的临界荷载就可以作为桁架的临界荷载值 P_{ij}。

5. 实验方法与步骤

(1) 测量桁架模型的几何尺寸:包括各杆的长度 l、杆截面的宽度 b 和厚度 t。特别是对可能失稳的受压杆件,应在该杆件长度方向测取 5~6 处厚度数据,取其平均值来计算最小惯性矩 I_{min}。

(2) 在可能失稳的杆件上,正确安装好千分表,如图 3—15 所示。

(3) 在预估的临界荷载值的 80% 之内,分 4~5 级等增量加压。然后,根据 $P \sim \delta$ 曲线的连续性来确定加载增量 ΔP。在接近预估的临界荷载前,荷载应尽量小,以便更精确地测得 P_{ij} 值。

(4) 在同一模型上分别在 E 一点,D、E、G 三点和 B、D、E、G、I 五点处加力进行三次方法相同的测试。

6. 实验数据处理及误差分析

(1) 根据实验测得的桁架模型压力和挠度的系列数据,绘出该桁架模型的 $P \sim \delta$ 曲线,确定临界荷载 P_{ij} 的实测值。

(2) 根据欧拉公式 $P_{ij} = \dfrac{\pi^2 E I_{min}}{l^2}$ 计算临界 P_{ij} 的理论值。

(3) 将 $(P_{ij})_实$ 与 $(P_{ij})_理$ 作比较,计算相对误差,并进行误差分析。

7. 实验报告要求

(1) 写出实验名称,实验目的,实验原理,实验设备及实验简图;

(2) 简述实验过程,绘出 $P \sim \delta$ 曲线,分别描述三次失稳现象;

(3) 分别给出三次实验的临界荷载的实验值;

(4) 将实验值与理论计算值进行比较,计算相对误差,并分析产生误差的原因等。

附:本桁架模型各杆内力值的计算结果如图3—16所示。

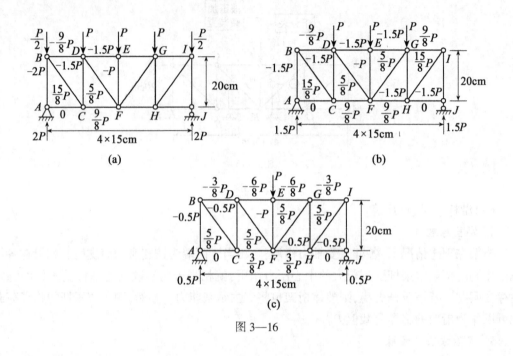

图3—16

§3.4 结构的影响线实验

在实际工程中,结构不仅承受恒载作用,还会承受移动荷载的作用,如吊车梁的吊轮压、铁路桥上的火车轮压、公路桥上的汽车轮压、移动人群的压力,等等,都属于移动荷载。由于这种移动荷载的大小、方向和位置随时间的变化较为缓慢,结构上不会产生显著的加速度,因而可以忽略其惯性力的影响。这种荷载仍属于静力荷载的范畴。

由于移动荷载的位置是随时间变化而改变的,作用于结构上的各种量值(如支座应力、截面内力等)也将随荷载位置的改变而改变。这些变化有一定的规律,在结构力学中,把在单位移动荷载作用下某量值变化规律的图形称为该量值的影响线。按影响线确定某量值最大值或最小值的移动荷载位置称为该量值的最不利荷载位置。利用影响线可以求出恒载作用下该量值的大小和确定实际移动荷载对该量值的最不利荷载位置。因此,结构影响线这部分内容在结构力学中也很重要。但是,学习影响线绘制及应用时,往往易将某些影响线和内力图混淆在一起。尤其是初学者,易把一个某截面上受竖向集中力的简支梁的弯矩图和简支梁受单位移动荷载作用该截面的弯矩影响线混淆在一起。为此可以通过一些简单的影响线与内力图对比实验澄清初学者对影响线某些模糊概念,加深理解对影响线的绘制及应用。

3.4.1 简支梁弯矩影响线绘制实验(实验十四)

1. 实验目的

(1)观察简支梁在荷载移动过程中同一截面上的内力(应变)变化及荷载在某一位置

时,各个界面的弯矩值(应变值);

(2)绘制梁的某截面弯矩影响线及弯矩图;

(3)验证理论计算所得的某截面影响线。

2. 实验模型

如图3—17所示,贴有电阻应变片的矩形钢截面梁和温度补偿块。

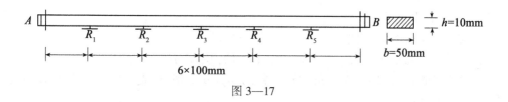

图 3—17

3. 实验设备、实验仪器及系统方框图

(1)可移动的加载装置;

(2)静态电阻应变仪、微机分析系统等;

(3)游标卡尺、钢尺等;

(4)测试系统方框图如图3—18所示。

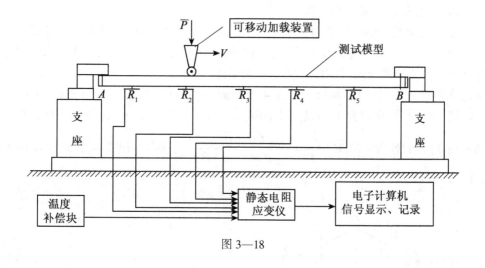

图 3—18

4. 实验原理

与实验五的梁弯矩电测实验一样,在梁的6等分的5个截面位置上(还可以包括支座 A、B 共7个截面)贴上电阻片,在移动荷载作用下,梁将发生变形,通过静态电阻应变仪即可以测出荷载在同一截面的静应变,以及荷载在某一位置时,不同截面的静应变。然后,依据虎克定律及正应力公式即可以求得:

(1)单位荷载在不同位置时,同一截面上的弯矩值 $\overline{M}_i = \dfrac{M_i}{P} = \dfrac{\sigma_{\max} w_i}{P} = \dfrac{E\varepsilon_{i\mathrm{实}} w_i}{P}$,

$\left(\dfrac{w_i}{P}\right.$ 为 i 截面上弯矩影响线值$\left.\right)$。

(2)荷载在某一截面上的不同截面 i 的弯矩值 $M_i = \sigma_{max} w_i = E\varepsilon_{i实} w_i$，即为荷载在某一截面时梁各截面 i 的弯矩值——弯矩图。

实验采用等增量法。即每增加等量的荷载 ΔP，测定一次各测点的应变增量。荷载可以分为 3~5 级，最终荷载 P_m 的选取，应根据梁的最大弯矩 $M_{max} < (0.7~0.8)M_s$ (M_s 为材料屈服点的弯矩值)。当荷载加到最后一级，测完各应变值后，即卸载。每项实验最少重复三次，取三次测量值的平均值计算。

5. 实验方法与步骤

(1)按实验系统方框图把各仪器之间导线连接好。

(2)测量梁的截面尺寸(b、h)及粘贴电阻应变片位置的尺寸等。

(3)根据梁截面的尺寸、支座条件及材料的 $M_s = \sigma_s w$ 值，确定分级加载时每级的大小、级次及最终荷载值 P_m。

(4)实验采用多点半桥公共补偿测量法，将 5 个(或 7 个)应变片和公共温度补偿片分别接到预调平衡箱上。根据电阻应变片灵敏度系数 K 值调整好电阻应变仪的灵敏系数。

(5)按照所拟定的加载方案逐级加载。每加一级荷载，自左向右移动荷载，相应测读一次各点的应变增量 $\Delta \varepsilon_i$，直至加到预计的最终荷载 P_m 为止。然后全部卸载，应变仪回到初始平衡状态。重复以上测试步骤最少三次，取其中三次测试的平均值计算。

(6)实验结束，卸载。关闭测试系统，清理现场。

6. 实验数据记录及其计算处理

(1)参照实验五自制一个实验记录表，将实验梁的弹性模量、尺寸及其测定位置、应变片灵敏度系数以及实测的有关荷载及相应测点的应变值填入表中，并计算其应变平均值，应力、弯矩的实验值和理论值，相对误差等一并填入表中。

(2)当荷载在不同位置(例如 1、2、3、4、5 截面)时，其同一截面(例如截面 3)上的弯矩值除以荷载 P 便得到单位荷载移动到不同截面(例如 1、2、3、4、5 截面)位置时，同一截面(例如截面 3)处的各弯矩值 $\overline{M}_i = \dfrac{M_i}{P} = \dfrac{\sigma_{max} \cdot w_i}{P} = \dfrac{E\varepsilon_{i实} \cdot w_i}{P}$，进而绘出其弯矩 M_3 的影响线，如图 3—19(a)所示。

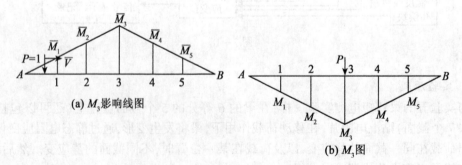

图 3—19

(3)当荷载在某一位置(例如截面 3)时，某不同截面(例如 1、2、3、4、5 截面)处的弯矩值为 $M_i = \sigma_{max} w_{i实} = E\varepsilon_{i实} w_i (i = 1、2、3、4、5)$，这些弯矩值即是当荷载在某一截面(例如截面 3)

时,梁上各个截面(例如1、2、3、4、5截面)的弯矩值,即可以构成荷载 P 作用在 3 截面时的弯矩图。如图3—19(b)所示。

(4)实验数据的分析处理,读者亦可以写一个 VB 小程序在计算机内完成分析与绘图。

7. 实验报告要求

(1)简述实验名称、实验目的、实验原理、实验方法步骤、实验仪器及实验系统方框图;
(2)提交实验记录表、弯矩影响线及相应的弯矩图;
(3)比较理论弯矩影响线与实验弯矩影响线,进行实验误差原因分析。

8. 思考与分析

试思考分析简支梁截面的弯矩影响线与简支梁该截面处作用集中力所得的弯矩图之间有何异同性?能否找出几点加以说明?

3.4.2 桁架影响线绘制实验(实验十五)

1. 实验目的

(1)观察桁架在移动荷载作用下同一杆件的内力(应变)变化情况及荷载在某一位置(节点)时各杆的内力情况;
(2)绘制部分杆件的实测轴力影响线,并与理论计算的影响线作比较。

2. 实验模型

如图3—20所示为有外伸段的梁式桁架。桁架上的移动荷载是通过节间横梁以节点荷载方式作用在桁架上的,相当于一节间梁。荷载在桁架的上弦杆上移动(又称上承式),桁架内各杆的内力随荷载移动而变化。

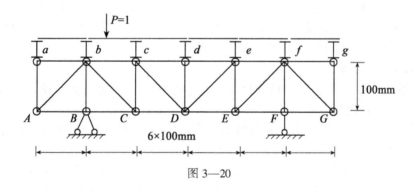

图 3—20

3. 实验仪器及实验系统方框图

(1)可移动的荷载装置;
(2)静态电阻应变仪、计算机与分析系统等;
(3)游标卡尺、钢尺等;
(4)测试系统方框图如图3—21所示。

4. 实验原理

与实验十四类似,在桁架的部分杆件(亦可以全部)上,例如在 bc、cC、CD、gG 及 DE 杆上贴上电阻应变片,当荷载移动时,桁架内各杆随荷载的移动而变形(缩短或变长),通过静

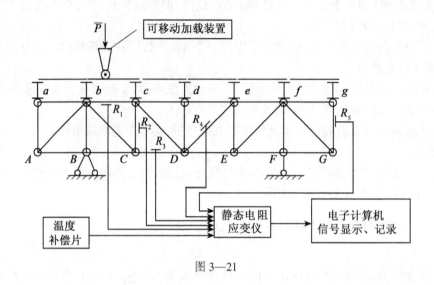

图 3—21

态电阻应变仪即可以测得各杆的应变值,然后根据虎克定律和正应力公式,即可以求得每一杆件在单位荷载移动作用下,各杆轴力值的变化为:$\overline{N}_{ii} = \sigma_{max} \dfrac{A}{P} = E\varepsilon_{ii实} \dfrac{A}{P}$($ii$ 为 ii 杆件轴力影响线值)。

实验采用等值增量法。即每增加等量的荷载 ΔP,使之在桁架的上弦杆上移动时,测定一次各杆上的应变片的应变增量。荷载可以分为 3~5 级,最终荷载 P_m 的选取,应根据杆件的最大轴力 $N_{max}<(0.7~0.8)N_s$(N_s 为材料的屈服点的轴力值)。当加载到最后一级,测完各应变值后,即卸载。实验重复三次,取其应变测试值的平均值来计算各杆的轴力值。然后再与理论计算值作比较,以期验算理论计算的正确性。

5. 实验方法及步骤

(1)测量桁架各杆尺寸,各杆截面尺寸,检查所测杆件的应变片是否贴好。按测试系统方框图将仪器导线连接好。

(2)根据桁架形势、支座情况、各杆截面大小及杆件材料的 $N_s = \sigma_s A$ 值确定分级加载时每级的大小、级次及最终移动荷载值。

(3)实验采用多点半桥公共补偿测量法,5 个(或 7 个)应变片及公共温度补偿片分别接到预调平衡箱上,根据电阻应变片灵敏系数 K 值调整好电阻应变仪的灵敏系数。

(4)根据静态电阻应变仪的操作使用方法,利用给定的标准电阻对应变仪进行检验和调平衡,然后再对诸测点预调平衡。实验室应变仪采用零读数法。

(5)按照拟定的加载方案逐级加载。每加一级荷载,使之在桁架上弦杆移动,在移动过程中相应测读一次各测点的应变增量 $\Delta\varepsilon_i$,直到加到预计的最终荷载 P_m 为止,然后全部卸载,应变仪回到初始平衡状态。重复以上测试最少三次,取其中三次测试的应变平均值计算其内力。

(6)实验结束,关闭测试系统电源,清理现场。

6. 实验数据记录及其计算处理

(1)参照实验五中的表 3—1,自行设制一实验记录表。将桁架各杆件的材料弹性模量、截面尺寸、各节点位置、应变片灵敏系数以及实验测得的有关移动荷载与其相应各杆测点的应变值填入记录表中,并计算应变平均值,单位移动荷载下的正应力、内力的实验值和理论值,相对误差等也列入表中。

(2)根据所测量的数据,在方格纸上绘制出 bc、cC、CD、gG 及 DE 等杆件的轴力影响线,并与理论计算轴力值的影响线作比较。部分理论计算轴力影响线如图 3—22 所示。

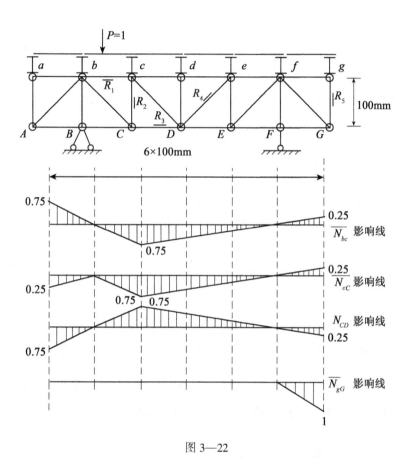

图 3—22

(3)实验者亦可以自己编写一个 VB 小程序,在计算机内完成计算、分析与绘制影响线的工作。

7. 实验报告要求

(1)简述实验名称、实验目的、实验原理、实验方法及步骤、实验仪器及实验系统方框图。

(2)提交实验记录表、桁架各杆件(实测杆件)在单位移动荷载下的轴力变化值及桁架杆件轴力影响线比较。

(3)实验误差与原因分析

8. 思考与分析

材料轴力影响线与材料轴力图有何区别?通过实验如何加深对轴力影响线概念的认识?

第4章 结构动力学实验

结构的动力主要是结构受到振动与冲击引起的。解决结构的动力问题有两种方法:一是理论计算;二是实验方法。结构动力学实验包括:测试结构的自由振动参数;结构的模态;结构强迫振动响应(响应的幅频特性、相频特性)、共振条件及阻尼对振动响应的影响;结构的防震、隔震与消震等实验。

§4.1 自由振动的主要参数实验

自由振动的主要参数有自振频率(周期)、振动幅值(位移、速度、加速度)、系统的阻尼和两种同频振动信号的相位差等。测试自由振动主要参数的方法很多,如共振法、脉动法、锤击法等。

4.1.1 共振法测量系统固有频率的实验(实验十六)

1. 实验目的
(1)了解系统发生共振时的现象及通过共振现象确定系统的固有频率;
(2)了解系统的质量与刚度对系统固有频率的影响,进而掌握改变悬臂梁系统的固有频率的方法;
(3)了解系统简化为理想的单自由度系统的条件,并绘出本实验系统的弹簧质量模型。计算出悬臂梁的固有频率,并与实测的固有频率进行比较。

2. 实验装置与仪器框图
实验装置与仪器框图如图4—1所示。

3. 实验原理
本实验给出的悬臂梁有一个集中质量块 m,悬臂梁有质量及弹性,这里只考虑其弹性刚度 k,该系统可以简化为一个单自由度的弹簧质量振动系统,其固有频率的计算公式为

$$\omega_n = \sqrt{\frac{k}{m}}$$

由工程振动理论可知

$$k = \frac{3EJ_y}{L^3}, \quad J_y = \frac{bh^3}{12}$$

式中:L——悬臂梁长度;E——材料弹性模量;J_y——梁截面抗弯惯性矩;b——梁截面宽度;h——梁横截面高度。

当激振器给出的干扰力频率由小往大调整到等于系统固有频率时,系统发生共振,悬臂梁产生最大幅度,测振仪显示出最大读数,此时记录下信号发生器的频率读数,该数即在数值上等于系统固有频率。不管系统结构与组成材料多复杂,都可以用共振法求出系统的固

第4章 结构动力学实验

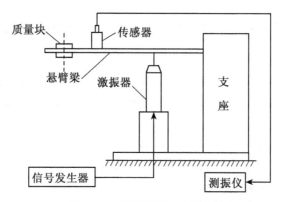

图 4—1 实验装置及仪器框图

有频率。

4. 实验方法与步骤

(1) 记录悬臂梁质量块的质量,悬臂长度,并将激振器平衡位置移到与悬臂梁的平衡位置吻合;

(2) 将信号发生器的频率输出与幅值输出按钮反时针调到最小,打开信号发生器的电源开关,间隔 6s,按下功率放大开关,将测振仪的输出按钮旋到位移挡,打开测振仪的电源开关;

(3) 将信号发生器的幅值固定到 0.2~0.4V 的范围,将频率输出挡往上调,每调一挡观察悬臂梁的幅值是增大还是减小,直到悬臂梁发生最大振幅,此时记录下频率 f_{n1};

(4) 拿掉一个质量块,重复(1)、(2)、(3)实验步骤,得到频率 f_{n2};

(5) 改变悬臂梁长度,从而改变其弹性刚度系数,重复(1)、(2)、(3)实验步骤,得到频率 f_{n3}。

5. 实验结果与分析

(1) 将三种情况下系统固有频率的实测值与理论计算值填入表 4—1 中。

表 4—1

固有频率	f_{n1}	f_{n2}	f_{n3}
实测值			
理论值			

(2) 绘出该系统的弹簧质量的振动模型图。

(3) 考查实测值与理论计算值是否一致?为什么?

6. 思考与分析

(1) 系统强迫振动的频率总是等于干扰力的频率吗?如果我们在很短时间内提高干扰力频率,使干扰力频率 $f \gg f_n$(固有频率),即迅速通过共振区,系统还会不会发生强烈的共振?

(2) 能否通过理论计算得出秦始皇兵马俑的固有频率?能否通过实验方法测出其系统

的固有频率？理论计算与实验各有何缺点？

4.1.2 阻尼对单自由度系统振动的影响及阻尼系数测定的实验(实验十七)

1. 实验目的
(1) 了解单自由度系统的自由衰减振动的阻尼、衰减振动周期、减幅系数等有关概念；
(2) 学会用计算机、振动测试软件、振动仪器等组成的测试系统记录自由衰减振动的波形；
(3) 学会根据自由衰减振动波形确定系统的固有频率 f_n 和阻尼系数 n 的方法；
(4) 掌握如何用锤击法(初始干扰法)激励系统振动。

2. 实验装置与实验仪器框图
实验装置与实验仪器框图如图 4—2 所示。

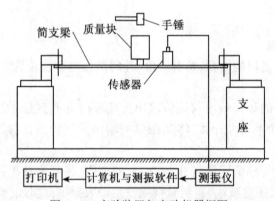

图 4—2　实验装置与实验仪器框图

3. 实验原理
单自由度系统的力学模型如图 4—3(a)所示。给系统(质量 M)一初始扰动(锤击)，系统作自由衰减振动，其运动微分方程为

$$M\ddot{x}+C\dot{x}+Kx=0 \quad 或 \quad \begin{cases} \ddot{x}+2n\dot{x}+\omega_n^2 x=0 \\ \ddot{x}+2\xi\omega_n\dot{x}+\omega_n^2 x=0 \end{cases} \tag{4—1}$$

式中：ω_n——系统固有频率，$\omega_n^2=\dfrac{K}{M}$；

n——阻尼系数，$2n=\dfrac{C}{M}$；

ξ——阻尼比，$\xi=\dfrac{n}{\omega_n}$。

小阻尼($\xi<1$)时，方程(4—1)的解为

$$x=Ae^{-nt}\sin(\omega_d t+\varphi) \tag{4—2}$$

式中：A——振幅；φ——初相位；ω_d——衰减振动固有频率，$\omega_d=\sqrt{\omega_n^2-n^2}=\omega_n\sqrt{1-\xi^2}$。

式(4—2)的图形如图 4—3(b)所示。

衰减振动波有如下特点：

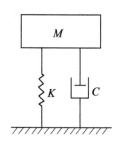 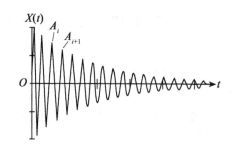

(a) 有阻尼单自由度系统的力学模型　　(b) 衰减振动的位移—时间曲线

图 4—3

(1) 振动周期 T_d 大于无阻尼振动周期 T，即 $T_d > T$。

$$T_d = \frac{2\pi}{\omega_d} = \frac{2\pi}{\omega_n \times \sqrt{1-\xi^2}} = \frac{T}{\sqrt{1-\xi^2}}, \quad f_n = \frac{1}{T} = \frac{1}{T_d\sqrt{1-\xi^2}} \tag{4—3}$$

(2) 振幅按几何级数衰减。减幅系数 $\eta = \dfrac{A_i}{A_{i+1}} = e^{-nT_d}$，对数减幅系数 $\delta = \ln\eta = nT_d$。从而可得

$$n = \frac{\delta}{T_d}, \quad C = \frac{2n}{M}, \quad \xi = \frac{C}{2\sqrt{MK}}$$

4. 实验步骤

(1) 用锤由轻到重敲击简支梁，同时观察计算机显示屏中的振动波形，直到用力适中，波形便于读数。

(2) 存储自由衰减振动波形，用幅值测量线测出振幅 A_1、A_2 直到 A_i。用时间测量线测出最大振幅对应时间 t_1、t_2 直到 t_i。

5. 实验结果与分析

(1) 绘出单自由度自由衰减振动波形图。

(2) 填写表 4—2。

表 4—2

次数	时间 t	周期 T_d	A_i	A_{i+1}	阻尼系数 n	阻尼比 ξ	固有频率 f_n
1							
2							
3							

(3) 重新写出系统运动微分方程，方程中除位移 x 外，系数 n、ξ、ω_n 等全部为具体数据。

6. 思考与分析

(1) 能否用自由衰减法测出水工钢闸门系统的固有频率？如果能，试举出几种初始干扰方法。

(2) 用锤敲击悬臂梁时，如果用力过大，其振动波形会出现何现象？为什么？

4.1.3 多自由度弹簧质量系统的模态(各阶固有频率及主振型)实验(实验十八)

1. 实验目的

(1)用共振法观察和测量图4—4所示五个自由度的弹簧质量系统的主振型及相应的各阶固有频率;

(2)了解和掌握振动台的操作与使用方法。

2. 实验模型

在一根矩形截面橡皮带上均匀布置5个质量块 $m_1 = m_2 = m_3 = m_4 = m_5 = m$,如图4—4所示。

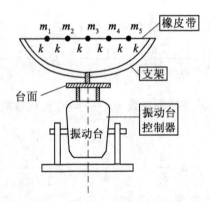

图4—4 多自由度弹簧质量系统模态实验装置及仪器框图

3. 实验装置及仪器框图

如图4—4所示,实验装置包括实验模型、振动台及振动台控制器三部分。

4. 实验原理

仍然采用共振法确定系统的各阶固有频率及主振型。首先,由模型可知系统有5个固有频率及主振型。若振动台的激励频率与系统的某阶固有频率相等,系统就产生共振。此时系统的振动形态称为该阶的主振型。这时其他各阶振型的影响很小,可以忽略不计。

由振动台的控制器可以调节台面的振动幅值及频率。若在适当的振动幅值下,将振动频率由小到大调节,则系统就会出现5种共振现象的形态。相应地从小到大的5个共振频率就是其5个固有频率。其中最低的一阶频率称为系统的一阶固有频率,相应的振型称为系统的一阶主振型。

5. 实验方法与步骤

(1)接通振动台控制器电源,预热5分钟待各仪表达到正常后即可实验。

(2)调节振动台的振幅和频率。当振动台有适当的振动幅值后,开始将振动频率从小到大调节,当发生第一次共振时,记下的振动频率即为一阶固有频率,再调大频率使之进入第二次共振,如此重复,直到5次共振现象出现为止。

6. 实验数据记录与分析

自制记录表,将每次的固有频率及主振型的形态曲线记录整理,作为实验结果。

7. 思考与分析

(1)当出现第五次共振后,若继续调高振动频率会不会再出现第六次共振? 为什么?
(2)能否避免第一阶主振动的出现? 如何避免?

8. 实验报告内容

实验报告内容包括:实验目的,实验装置及仪器框图,实验原理,实验方法和实验结果分析。

4.1.4 弹性结构体系的模态(各阶固有频率及主振型)实验(实验十九)

1. 实验目的

(1)了解掌握弹性体系模态测试的方法;
(2)采用共振法测定简支梁各阶固有频率及主振型;
(3)分析简支梁各阶主振动形态,并与理论计算结果进行比较。

2. 实验装置及仪器框图

简支梁模态实验装置及仪器框图如图 4—5 所示。电动式正弦激振器安装在支架上,为相对激振方式。激振点和拾振点的位置见图 4—5,激振点选择原则是不过分靠近第二、三阶振型的节点,使各阶振型都能受到激励。

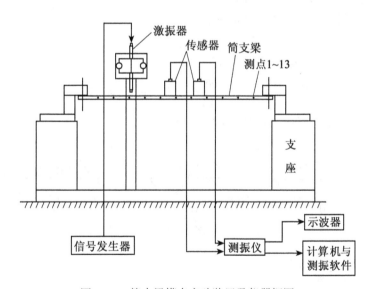

图 4—5 简支梁模态实验装置及仪器框图

传感器的信号经过测振仪到示波器(记录仪),或经过测振仪送到装有测振软件的计算机,进行分析处理。

游标卡尺、钢尺、三角板等。

3. 实验原理

实验模型为一矩形截面简支梁(见图 4—5),该简支梁是一个弹性连续体系统。从理论上讲,该简支梁有无限个固有频率及主振型,一般情况下,该简支梁的振动是由无限多个主振型叠加的。如果给简支梁施加一个适当大小的激励力,且该力的频率正好等于梁的某阶固有频率,梁就会产生共振。对应于某一阶固有频率的振动形态称之为该阶的主振型,这时其他各阶振型的影响小到可以忽略不计。

用共振法测定梁的模态,首先要找到梁的各阶固有频率,并使激励力频率等于某阶固有频率,使梁产生共振;然后,测定共振状态下梁上各测点的振动幅值,从而确定该阶主振型。通常人们最关心的是梁的最低几阶的模态,即最低几阶的固有频率和主振型。

本实验用共振法来测定简支梁的第一、二、三阶模态。

由工程振动理论可知,对于如图 4—6 所示的简支梁,其横向振动固有频率的理论解为

$$f_n = 49.15 \frac{n^2}{l^2} \sqrt{\frac{EI}{A\rho}} \quad (\text{Hz})(n=1,2,3,\cdots) \tag{4—4}$$

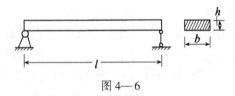

图 4—6

式中:l——简支梁的长度(cm),$l = 60 \text{cm}$;

E——材料弹性模量,取 $E = 200 \text{GPa}$;

A——梁的横截面积(cm^2),$A = 3.5 \text{cm}^2$;

ρ——梁材料的容重,$\rho = 0.078 \text{N/cm}^3$;

I——梁截面弯曲惯性矩(cm^4),$I = \frac{bh^3}{12} \text{cm}^4$,$b = 5 \text{cm}$,$h = 0.7 \text{cm}$。

简支梁的第一、二、三阶主振型如图 4—7 所示。

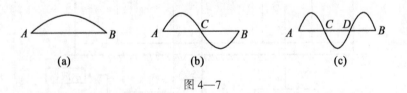

图 4—7

4. 实验方法与步骤

(1)量测简支梁的长度 l,截面宽 b 和高 h。

(2)沿梁长度布置测点 13 个并做好标记。选某测点为参考点,将传感器 I 固定于参考点,专门测量参考点的参考信号。传感器 II 用于测量其余各测点的位移响应幅值。

(3)相位可以直接由示波器或相位计测定。粗略测定相位时,可以用李萨如图形法来判断参考点是否有同相或反相分量。例如:对于如图 4—7(a)所示的一阶振型,各测点的振动位移幅值对于参考点均为同相分量,示波器出现的李萨如图是一条直线或一椭圆,直线或椭圆的长轴方向始终在某一象限;若直线或椭圆的长轴方向转到另一象限,则说明有了反相分量,在同相分量点与反相分量点之间,必有一振幅幅值接近于零的节点,如图 4—7(b)、(c)所示的第二、三阶振型的节点 C、D。

(4)将电动式激振器接入激振信号源输出端。开启激振信号源的电源开关,对系统施加交变正弦激振力,使系统产生振动,调节信号源的输出调节开关便可以改变振幅大小,调节信号源的输出调节开关时注意不要过载。

(5)调整信号源,使激振频率由低到高逐渐增加,当激振频率等于系统的第一阶固有频率时,系统将产生共振,测点振幅急剧增大,将各测点振幅记录下来,根据各测点振幅便可以绘出第一阶主振型图,信号源显示的频率就是系统的第一阶固有频率。采用同样办法,可以得到第二、三阶的固有频率和主振型。

5. 实验结果与分析

(1)将各阶固有频率的理论计算值与实测值填入表4—3。

表4—3

固有频率	f_1	f_2	f_3
理论值			
实测值			

(2)各测点的振幅实测值填入表4—4。

表4—4

振型 \ 幅值/μm \ 测点	1	2	3	4	5	6	7	8	9	10	11	12	13
一阶振型													
二阶振型													
三阶振型													

注:第1、第13为简支梁的支点处。

(3)绘出观察到的简支梁的主振型曲线。

(4)将理论计算出的各阶固有频率、理论主振型与实测固有频率、实测主振型相比较,是否一致?产生误差的原因在哪里?

6. 实验报告内容

本实验报告内容要求列出:实验目的,实验装置与仪器框图,实验原理,实验方法和实验结果(含第一、二、三阶主振型图)与分析。

4.1.5 薄圆板的模态实验(实验二十)

1. 实验目的

(1)用共振法确定圆板横向振动时的各阶固有频率;

(2)观察分析圆板振动的各阶振动形态;

(3)将实验结果与理论计算值相比较。

2. 实验装置与仪器框图

薄圆板的模态实验装置与仪器框图如图4—8所示。圆板上放置一薄层细沙或粉笔灰。

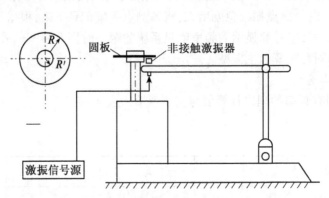

图4—8　薄圆板的模态实验装置与仪器框图

3. 实验原理

由工程振动理论可知,对于中心固定、周边自由的薄圆板横向振动,用激振方法可以得到基本主振型和较高阶主振型的近似值,这些较高阶主振型将有一个、二个、三个等波节圆,振动过程中,这些波节圆处的位移为零。除了对中心成对称主振型外,圆板还有这样的主振型:沿一根、二根、三根等分直挠度为零,这种直径称为波节直径。圆板的几种主振型如图4—9所示。图中诸波节圆和诸波节直径均以虚线表示,波节圆个数用 m 表示,波节直径个数用 n 表示。

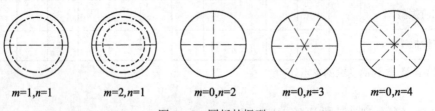

图4—9　圆板的振型

对于圆板的横向振动,由工程振动理论可知其固有频率为

$$f_n = \frac{a^2}{2\pi R^2}\sqrt{\frac{D}{h\rho}} \quad (\text{Hz}) \tag{4—5}$$

式中:R——圆板的外圆半径(cm),$R = 10$ cm;

　　　R'——圆板的内圆半径(cm),$R' = 1$ cm;

　　　h——圆板厚度(cm),$h = 0.1$ cm;

　　　ρ——材料密度,$\rho = 0.078$ N/cm^3;

　　　D——圆板的抗弯刚度(N/m);

$$D = \frac{Eh^3}{12(1-\mu^2)} \tag{4-6}$$

$$E = 206\text{GPa}$$

式中：μ——材料泊松比，$\mu=0.3$；
$\quad a$——常系数，按表4—5取值。

表 4—5

a \ 阶数 R'/R	1	2	3	4	5
0.1	1.865	2.3713	3.5285	4.6792	5.7875

圆板有无限多个自由度，即有无限多个固有频率和主振型。一般情况下，圆板的振动是无穷多个主振型的叠加。如果给圆板施加一个适当大小的激振力，且该力的频率正好等于圆板的某阶固有频率，这时圆板就会产生共振并具有对应于这一阶固有频率的确定的振动形态，称为这一阶主振型，这时其他各阶振型的影响可以忽略不计。用共振法确定圆板横向振动的固有频率，需要连续调节激振力，当圆板上面放置细沙或粉笔灰明显地聚集形成波节圆或波节直径时，激振力频率就是圆板的某阶固有频率。

4. 实验方法

(1) 将非接触激振器端面对准圆板下面边缘处，保持初始间隙 $\delta=1\sim2$mm。

(2) 将非接触激振器接入激振信号源输出端。开启激振信号源的电源开关，对系统施加交变正弦激振力，使系统产生振动，调节信号源的输出调节开关便可以改变振幅大小，调节信号源的输出开关时注意不要过载。

(3) 调整信号源，使激振频率由低到高逐渐增加，可以观察到圆板上的粉笔灰或细沙形成的形状。当激振频率为圆板某阶固有频率时，圆板振幅就急剧增加，位移振幅大处的细沙向位移振幅为零处聚集，从而形成条幅，这就是主振型。当观察到圆板的各阶固有频率及主振型时，信号源显示的频率就是圆板该阶固有频率，用上述方法可以得到圆板的各阶固有频率及主振型。因激振器频率通常在1 000Hz以下，本实验装置出现的波节圆主振型相应频率又高于1 000Hz，所以观察不到波节圆。本实验能观察到1~5条波节直径时的主振型。

5. 实验结果与分析

(1) 将波节直径时的各阶固有频率的理论计算值与实测值填入表4—6。

表 4—6

固有频率	f_1	f_2	f_3	f_4	f_5
理论值					
实测值					

(2) 绘出5个实测波节直径时观察到的主振型图。

(3) 将理论计算出的各阶固有频率、理论主振型与实测固有频率、实测主振型相比较，是否一致？产生误差的原因在哪里？

(4)分析圆板的波节直径的分布规律。

(5)圆板下有一圆形螺帽,在圆形螺帽紧压或松离圆板两种情况下,实测固有频率是否一致？哪个与理论值更接近？

6. 实验报告内容

本实验报告内容要求列出：实验目的,实验装置与仪器框图,实验原理,实验方法和实验结果(绘制主振型图)与分析。

4.1.6 单跨三层刚架模型的模态实验(实验二十一)

1. 实验目的

(1)了解频响函数的测试方法与测试技术；

(2)练习 FFT 分析仪的一般操作；

(3)了解频响函数的曲线拟合与模态参数识别过程。

2. 实验内容

(1)对一个三自由度刚架结构模型,采用锤击法,或随机激励,或扫描正弦激励,在单坐标激励下,用双通道 FFT 分析仪测量一组频响函数及相干函数。

(2)对测量的频响函数,通过任选的曲线拟合法,比如圆拟合法,识别出实验模型的各阶模态参数。

3. 实验装置及原理

实验装置的配置如图 4—10 所示。

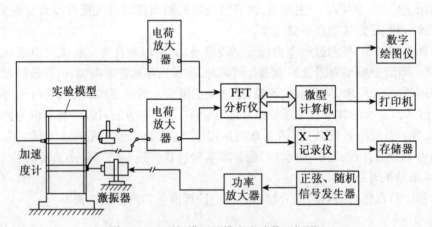

图 4—10　刚架模型的模态实验装置框图

测试对象为一个三层刚架模型,该模型是用三组弹簧片将四块铝板固结在一起构成的。其中,最下面一块铝板作为底板,固紧在刚性良好的基础上。每组弹簧片均由两弹簧片夹一薄层阻尼复合材料而组成。这一实验模型可以简化为图 4—11 所示三自由度弹簧—质量串联系统。其质量 m_i 和刚度 $k_i(i=1,2,3)$ 原则上可以根据模型的材料和尺寸求出,阻尼系数 c_i 则一般只能通过实验来确定。

该系统的运动微分方程为

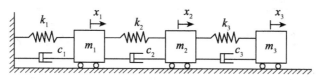

图4—11 三自由度弹簧—质量系统的力学模型

$$\begin{bmatrix} m_1 & 0 & 0 \\ 0 & m_2 & 0 \\ 0 & 0 & m_3 \end{bmatrix} \begin{bmatrix} \ddot{x}_1 \\ \ddot{x}_2 \\ \ddot{x}_3 \end{bmatrix} + \begin{bmatrix} c_1+c_2 & -c_2 & 0 \\ -c_2 & c_2+c_3 & -c_3 \\ 0 & -c_3 & c_3 \end{bmatrix} \begin{bmatrix} \dot{x}_1 \\ \dot{x}_2 \\ \dot{x}_3 \end{bmatrix} +$$

$$\begin{bmatrix} k_1+k_2 & -k_2 & 0 \\ -k_2 & k_2+k_3 & -k_3 \\ 0 & -k_3 & k_3 \end{bmatrix} \begin{bmatrix} x_1 \\ x_2 \\ x_3 \end{bmatrix} = \begin{bmatrix} f_1(t) \\ f_2(t) \\ f_3(t) \end{bmatrix}$$

简写为 $\qquad [m]\{\ddot{x}\}+[c]\{\dot{x}\}+[k]\{x\}=\{f(t)\}$ (4—7)

当 $m_1=m_2=m_3=m$,$c_1=c_2=c_3=c$,$k_1=k_2=k_3=k$ 时,阻尼矩阵 $[c]$ 与刚度矩阵成比例,此即所谓比例阻尼的一种典型情况,因而具有实模态振型。依据求特征值问题的一般方法,可以求出系统的各阶无阻尼固有频率为

$$f_1=0.0708\sqrt{\frac{k}{m}} \quad (\text{Hz})$$

$$f_2=0.01985\sqrt{\frac{k}{m}} \quad (\text{Hz})$$

$$f_3=0.2968\sqrt{\frac{k}{m}} \quad (\text{Hz})$$

与一、二、三阶固有频率相应的归一化的一、二、三阶主振型分别为

$$\{A\}_1=\begin{bmatrix} 1 \\ 1.802 \\ 2.247 \end{bmatrix}, \quad \{A\}_2=\begin{bmatrix} 1 \\ 0.445 \\ -0.802 \end{bmatrix}, \quad \{A\}_3=\begin{bmatrix} 1 \\ -1.247 \\ 0.555 \end{bmatrix}$$

如图 4—12 所示。其各阶模态质量为

$$M_1=\{A\}_1^T[m]\{A\}_1=9.296 \quad (m)$$

$$M_2=\{A\}_2^T[m]\{A\}_2=1.841 \quad (m)$$

$$M_3=\{A\}_3^T[m]\{A\}_3=2.863 \quad (m)$$

本实验要求通过单坐标激励下的频响函数测量及曲线拟合,估计实验模型的模态频率、模态振型、模态阻尼比、模态质量、模态刚度和模态阻力系数,并与理论计算的无阻尼固有频率,模态振型及模态质量作参考比较。

在使用双通道 FFT 分析仪情况下,可以选用锤击激励、随机激励及扫描正弦激励方式中任一种或多种进行频响函数测试。

如果没有 FFT 分析仪,那么本实验也可以采用步进式稳态正弦实验。该实验用两台电压表分别测量力信号和加速度信号的幅值,用一台相位计测量两路信号的相位差,即可以获

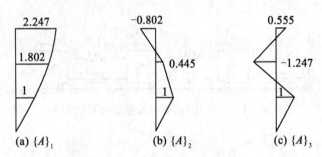

图 4—12 实验模型的理论模态振型

得频响函数数据,只是所需实验时间较长。这种情况的测试系统框图如图 4—13 所示。

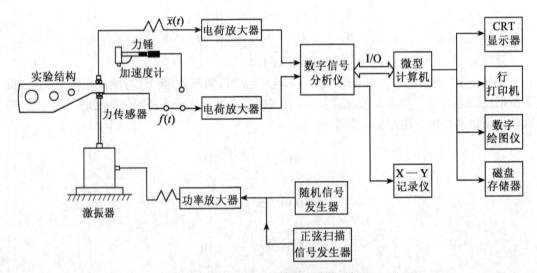

图 4—13 结构模型的模态实验装置框图

4. 实验步骤

以锤击法为例。

(1)选择适当的锤头,装上力传感器和锤头帽。

锤击产生的力脉冲,其宽度 $\tau(s)$ 主要取决于锤头质量和锤头帽的材料,而锤击的能量集中于 0 到 $\frac{1}{\tau}$(Hz)的频率范围。通常以改变锤头质量来控制力幅,以改变锤头帽来调整力脉冲宽度。锤头帽越硬,脉冲越窄,有限的能量分布于很宽的频带,会导致信噪比偏低。若锤头帽太软,力脉冲作用时间过长,则锤击在高频区微弱的能量可能不足以激励高阶模态。适宜的选择是,控制力脉冲的宽度略小于最高分析频率的倒数。比如,设实验模型的最高模态频率为 60Hz,分析带宽为 0~100Hz,若能控制力脉冲的宽度 $\tau \approx 10\text{ms}$,则较为理想。

若采用随机激励或扫描正弦激励,也应依据分析频带来确定限带白噪声的频带或扫描频率范围。

(2)在模型的某一质量块(比如底层)上安装加速度计。按图 4—10 连接好测量线路。

通常将力信号接入 FFT 分析的一通道(CH1),加速度信号接入二通道(CH2)。

(3)按力传感器和加速度计的灵敏度设置电荷放大器的归一化度盘。并设置适当的低通、高通和增益。

(4)设置 FFT 分析仪的测量状态,主要有:

测量类型:频响函数、相干函数。

分析频带:上限略高于模型的最高模态频率,一般采用基带分析,即下限频率为零。

输入量程:以仪器不过载为前提,尽可能选用较高的灵敏度。

触发条件:采用 CH1 自信号触发。根据力信号是正脉冲还是负脉冲选择触发斜率和触发电平。如果仪器的功能具备,最好采用负延时触发(也称前触发)采样,以求在测量窗内捕捉到完整的力脉冲。

加窗:一般采用矩形窗。若仪器的功能具备,也可以对力信号加截断矩形窗,对响应信号加指数衰减窗。

平均:采用线性谱平均。取平均次数 4~8 次即可。

若采用随机激励,则对纯随机信号加汉宁窗,对伪随机信号或淬法随机信号加矩形窗,平均次数在无重叠平均情况下应不少于 25 次。采用扫描正弦激励方式时,宜用峰值保持平均。凡连续信号的分析均采用自由触发。

(5)进行频响函数测量。依次在三个质量块上沿测量方向用力锤敲击,通过 FFT 分析仪测出频响函数 H_{P1}、H_{P2} 和 H_{P3},其中 P 为测振坐标序号。同时测量相干函数,以检查频响函数的测量可靠性。

(6)依 FFT 分析仪具有的功能,驱动 X—Y 记录仪或数值绘图仪,绘出 H_{P1}、H_{P2} 和 H_{P3} 的幅频特性、相频特性及相应的相干函数曲线。若可能,也绘出实频、虚频特性曲线及 Nyquist 图。

(7)将 FFT 分析仪的测量数据通过 I/Q 接口传递给微型计算机,并在打印机上打印出来。否则直接将 FFT 分析仪的 CRT 光标上读出的选择数据记录下来。

5. 实验结果的分析整理

(1)整理仪器绘制的(或手绘)频响函数——幅频、相频、实频、虚频特性曲线及 Nyquist 图。

(2)自选一种曲线拟合法(或规定用圆拟合法),估计出实验模型的模态参数,包括 f_{dr},ζ_r,$\{A\}_r$,M_r,C_r,$K_r(r=1,2,3)$。$\{A\}_r$ 取两种归一化方式,一是取 $A_{ppr}=1(r=1,2,3)$;二是取 $M_r(r=1,2,3)$。

(3)将实测的 f_{dr}、$\{A\}_r$ 和 $M_r(r=1,2,3)$ 与相应的理论值列表比较,求最大相对误差,分析其误差原因。

§4.2 结构振动的响应实验

实际工程中有些构件或结构系统,在外激励力作用下,会在其平衡位置上发生振动,当激励力的频率与构件或结构系统的固有频率相近时,就产生共振,致使构件或结构系统将产生较大的应力和变形,情况严重时就会发生破坏。因此,对构件或结构系统做振动的响应实验非常重要。

4.2.1 用幅值共振法测试系统的固有频率 f_n 及阻尼比 ξ（实验二十二）

1. 实验目的

（1）掌握测试系统的幅—频特性曲线的方法；

（2）通过绘制幅—频特性曲线进一步理解强迫振动的运动规律，理解强迫振动的振幅随干扰力频率变化的规律；

（3）学会用幅值共振法确定系统的固有频率 f_n 和阻尼比 ξ。

2. 实验模型

实验模型为一矩形截面简支梁。

3. 实验装置与仪器框图

系统振动响应实验装置及仪器框图如图4—14所示。

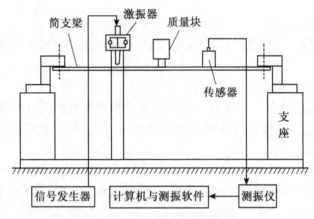

图4—14 实验装置与仪器框图

4. 实验原理

单自由度系统在正弦激励力的作用下，系统作简谐强迫振动，设激励力 F 的幅值为 B。干扰力频率为 ω，系统的运动微分方程为

$$M\ddot{x}+C\dot{x}+Kx=F\sin\omega t$$

或

$$\ddot{x}+2\xi\omega_n\dot{x}+\omega_n^2 x=\frac{F\sin\omega t}{M} \tag{4—8}$$

式中：ω_n——系统固有频率，$\omega_n^2=\dfrac{K}{M}$；

ξ——阻尼比，$\xi=\dfrac{n}{\omega_n}$。

式（4—8）的特解为

$$x=B\sin(\omega t-\psi)=B\sin(2\pi f-\psi) \tag{4—9}$$

式中：B——强迫振动振幅；ψ——初相位。

$$B=\frac{\dfrac{F}{M}}{\sqrt{(\omega_n^2-\omega^2)^2+4n^2\omega^2}} \tag{4—10}$$

$$\tan\psi = \frac{2n\omega}{\omega_n^2 - \omega^2} \tag{4—11}$$

式(4—10)称为系统的幅—频特性公式。将式(4—10)所表示的振动幅值(B)与激励频率($\omega = 2\pi f$)的关系用图形表示,称为幅—频特性曲线,如图 4—15 所示。

振幅最大时的频率称为共振频率 f_a。有阻尼时,共振频率为 $f_a = f_n\sqrt{1-2\xi^2}$。但在实际中,阻尼往往比较小,故一般仍以固有频率 $f_n(\omega_n = 2\pi f_n)$ 作为共振频率 f_a。在小阻尼情况下,依半功率点法推导得

$$\xi = \frac{f_2 - f_1}{2f_n} \tag{4—12}$$

式中 f_1、f_2 的确定如图 4—15 所示。

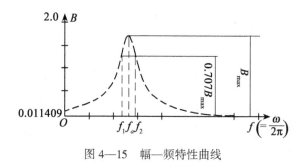

图 4—15 幅—频特性曲线

5. 实验步骤

(1)将传感器置于简支梁上,其输出端接测振仪,用以测量简支梁的振动幅值。

(2)将激振器的平衡位置与简支梁的平衡位置调到重合,输入端接到信号发生器,开启信号发生器的电源开关,对简支梁系统施加交变正弦激励力,使系统产生正弦振动。

(3)激振频率由低到高逐步增加,每增加一挡频率,读一个该频率下的振幅值,将各激振频率 $f(\omega = 2\pi f)$ 及其该振动频率下相应的振幅值填入表 4—7。

6. 试验结果及分析

(1)将实验数据 $f\left(=\dfrac{\omega}{2\pi}\right)$ 填入表 4—7 中。

表 4—7

频率/Hz						
振幅/μm						

(2)依据表 4—7 中的数据绘制系统强迫振动的幅—频特性曲线,分析特性曲线描述的变化关系。

(3)取定系统固有频率 f_n(幅—频特性曲线共振峰上最高点对应的频率近似等于系统固有频率)。

(4)计算 $0.707B_{max}$,根据绘出的幅—频特性曲线确定 f_1、f_2,进而计算阻尼比 ξ。

4.2.2 系统的相—频特性曲线的实验(实验二十三)

1. 实验目的

(1)掌握系统在共振前、共振、共振后,干扰力信号与强迫振动信号之间相位差的特点,进一步巩固强迫振动的有关理论知识;

(2)了解依据相—频特性快速判断未知系统固有频率所处区间的方法。

2. 实验模型

采用矩形截面的简支梁作为本次实验模型。

3. 实验装置与仪器框图

系统的相—频特性曲线的实验装置与仪器框图如图4—16所示。

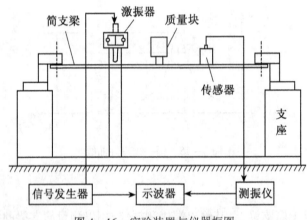

图4—16 实验装置与仪器框图

4. 实验原理

干扰力不但影响强迫振动的振幅。而且还影响干扰力信号与强迫振动信号之间的相位差。相位差随干扰力频率变化而变化的关系,称为相—频特性,可以用公式表示如下

$$\psi = \arctan\left(\dfrac{2\dfrac{n}{\omega_n}\times\dfrac{\omega}{\omega_n}}{1-\left(\dfrac{\omega}{\omega_n}\right)^2}\right) \tag{4—13}$$

式中:ψ——位相差;n——阻尼系数;ω——干扰力频率;ω_n——系统固有频率。

式(4—13)的图形有如下特点:

(1)当$\dfrac{\omega}{\omega_n}\ll 1$时,位相差$\psi\approx 0$,这时强迫振动位相与干扰力的位相基本上是相同的,如图4—17所示。随着$\dfrac{\omega}{\omega_n}$增大,位相差ψ也增大。

(2)在共振区$\left(0.75\leq\dfrac{\omega}{\omega_n}\leq 1.25\right)$内,$\psi$的变化非常激烈,当$\dfrac{\omega}{\omega_n}=1$时,即干扰力位移的位相超前强迫振动位移的位相90°,如图4—18所示。即$\psi=\dfrac{\pi}{2}$。

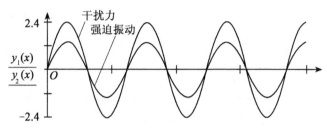

图 4—17 干扰力位相与强迫振动的位移位相相同

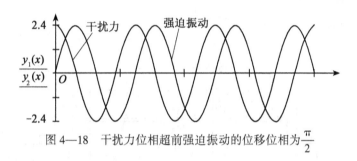

图 4—18 干扰力位相超前强迫振动的位移位相为 $\dfrac{\pi}{2}$

(3) 当 $\dfrac{\omega}{\omega_n} \gg 1$ 时,强迫振动位移的位相与干扰力的位相基本上反相,如图 4—19 所示。

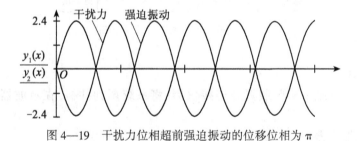

图 4—19 干扰力位相超前强迫振动的位移位相为 π

5. 实验步骤

(1)将干扰力信号(即信号发生器的信号)输入示波器的第一通道,测振仪输出的强迫振动位移信号输入示波器的第二通道,将第一通道扫描线调得比第二通道的扫描线粗,以区别干扰力与强迫振动信号,将两扫描线调重合。

(2)将激振器平衡位置与梁的平衡位置调重合,以使梁能很好地跟随激振器的振动。将信号发生器的频率输出与电压输出开关反时针调到头,打开信号发生器的电源开关,间隔 10s 左右,按下功率放大开关,将信号发生器的电压输出慢慢调到 0.8V 左右。

(3)依据前面实测的梁的固有频率,选择一个频率区间,将频率一挡一挡往大调整,同时观察示波器中两个信号的相位差。

6. 实验结果分析

绘出观察到的三个特征波形,并在波形上注明各特征波形出现时的干扰力频率。

4.2.3 阻尼对共振振幅影响的实验(实验二十四)

1. 实验目的

系统处于共振区时,增加系统阻尼,可以十分有效地抑制系统的共振振幅,但当系统不处于共振区时,增加系统阻尼,对系统振幅的影响不大。

2. 实验模型

仍然采用矩形截面简支梁。

3. 实验装置与仪器框图

实验装置与仪器框图如图4—20所示。

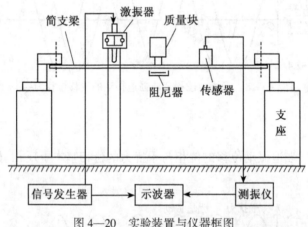

图4—20 实验装置与仪器框图

4. 实验步骤

(1)按图4—20组装实验装置并连接仪器,将系统调到共振,在示波器中观察共振振幅;

(2)往阻尼器中慢慢灌入清水,观察示波器共振振幅的变化;

(3)将阻尼器全部灌满水,再观察示波器,看还有没有振动波形出现。

5. 思考与分析

振动系统处于共振与不处于共振时,增加系统阻尼对振动振幅各有何影响?假如要对一个不处于共振的工程结构的振动实施减振,增加系统阻尼能否起到明显减振的效果?

4.2.4 悬臂梁系统的动应力测量实验(实验二十五)

1. 实验目的

(1)了解结构系统强迫振动的基本规律;

(2)测量悬臂梁系统共振时的应力与共振频率;

(3)掌握动应力的测量方法及数据处理。

2. 实验模型

实验模型采用一矩形截面的悬臂梁系统。

3. 实验装置与仪器框图

实验装置与仪器框图如图 4—21 所示。

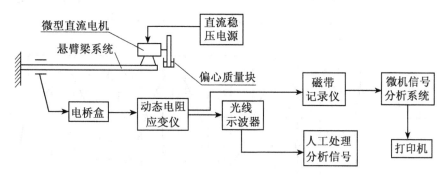

图 4—21　悬臂梁系统振动应力测试框图

悬臂梁的自由端固定一个微型直流电机,电机轴端装有带偏心质量块的圆盘,由直流稳压电源给电机供电。电动机转动时,偏心圆盘产生离心力使梁振动。调节稳压电源的输出电压,电机的转速随之改变。当转速增至某一数值时,悬臂梁系统振幅达到最大,即悬臂梁系统处于共振状态。此时电机的转速即为悬臂梁系统的共振频率。若继续提高电机转速,悬臂梁系统的振幅反而减小。

在悬臂梁靠近固定端的上、下表面各粘贴一个应变片,应变片采用半桥接法接于动态应变仪电桥盒上,而动态应变仪的输出端接至光线示波器(或磁带记录仪等)。

4. 实验步骤

(1)按图 4—21 所示的电路接好仪器,调整好动态应变仪及其零点,调整光线示波器,使之处于工作状态。

(2)打开稳压电源开关,慢慢增加输出电压,使悬臂梁振幅达到最大。

(3)此时,在光线示波器的光点观察屏上应看到一条光带,选择合适的拍摄速度,拍摄一段长 200mm 记录曲线。拍摄速度可以按一个应变波的记录纸上占 20~30mm 计算。

(4)停止振动,由动态应变仪给出标定信号,用 10~25mm/s 的慢速拍摄 30~50mm 记录曲线。

(5)撕下记录纸,在日光灯或阳光下曝光,直到显示出清晰的记录曲线。注意不要曝光过度,已曝光的记录纸应卷起来用黑纸包住予以保存,以备分析处理。

(6)检查记录曲线符合测量要求后,即可以切断电源,将仪器恢复原状。

(7)若采用磁带记录仪,则要注意其供电电压,正确估计应变仪送来的信号的强弱,调节前置放大器,使记录信号达到满幅的 80%~90%即可。放大时注意与磁带记录仪匹配,要注意选择适当的带速。然后将记录的数据通过数据处理的微机分析处理后即得结果。

5. 实验数据处理及报告要求

对于周期性应变,人们感兴趣的是最大应变值,各次谐波的频率和对应于特定时刻的应变。对于瞬态应变,通常测量最大值,应变波前沿上升时间,一个尖峰波(或方波)作用的时间,频谱结构等。对于随机应变,由于没有规律性,只能用统计的方法进行处理。反映随机应变特征的量有:均值、方差和均方差,概率密度函数,自相关函数,功率谱密度函数等。由于随机应变数据处理的工作量极大,必须用计算机完成。下面仅介绍一下传统方法,即用光线示波器记录的波形的人工处理方法。

图 4—22 所示是用光线示波器记录的正弦应变波,图 4—22 中还记录有应变标定信号和时标号。现采用 §8.6 中的分析方法,由式(8—36),得应变峰值

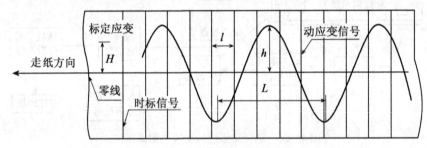

图 4—22 动态应变记录图

$$\varepsilon_{\max} = \frac{h}{H}\varepsilon_0 \qquad (4—14)$$

式中:ε_0——标定应变值;
h——动态电阻应变峰值高度(mm);
H——标定应变高度(mm)。

应变波频率,由式(8—37)得

$$f = \frac{l}{L}f_0 \qquad (4—15)$$

式中:f_0——时标信号频率;
L——应变波波长(mm);
l——时标信号在记录纸上的间隔(mm)。

实验报告中还应列出所用仪器的名称、型号、应变片的型号、灵敏系数,标定应变值,拍摄速度等。根据动应变记录图线计算峰值应力及共振频率,记录图线附于报告上。

4.2.5 刚架的动应力测试实验(实验二十六)

1. 实验目的

(1)掌握结构系统动应变的测试方法;
(2)设计电阻片的布置位置;
(3)对动应变曲线进行分析,确定其动荷载系数 k_d;
(4)根据所测的动应变 ε_d 计算其动应力 $\sigma_d = E \cdot \varepsilon_d$。

2. 实验模型

实验模型为一个二层刚架,如图 3—4 所示。

3. 实验装置及仪器框图

(1)已粘贴好应变片的刚架模型及温度补偿块;

(2)静、动态电阻应变仪及预调平衡箱、信号发生器、功率放大器、激振器、光线示波器或磁带记录仪、数据处理微机、打印机等。

(3)游标卡尺、钢尺等。

其实验装置及仪器框图如图4—23所示。

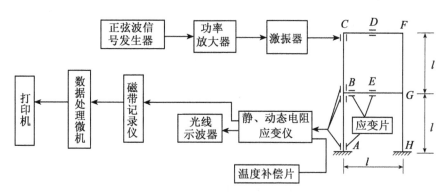

图4—23 刚架动应力测试实验装置及仪器框图

4. 实验原理

结构在承受动荷载作用或强迫振动时,结构上各点的应变、应力是随时间而变化的,这种应变称为动应变,这种应力称为动应力。例如:高层建筑受到的风荷作用,火车行驶在大桥上,吊车在吊车梁上运行,重锤打在基础桩上,则高层建筑物、大桥、吊车梁、基础桩等结构就会产生振动,它们产生的应变、应力都属于动应变和动应力。

在电阻应变测量技术中,动态应变测量和静态应变测量不同。静态应变不随时间变化,可以直接读取或将数据打印出来。而动态应变则不同,它是随时间而发生变化的,必须通过记录仪(光线示波器或磁带记录仪)进行实时记录和存储,然后进行信号处理。动应变不但要测量其应变幅值,还要测量其随时间变化的规律,或者测量其变化的频率。

本实验的对象是一个双层对称空间刚架,荷载作用在其对称平面上,根据对称性原理可以将作用荷载分解到与对称平面处于对称位置的两个平面刚架上。由空间刚架简化为平面刚架,可以大大减少计算的复杂性,也减少实验测点的数目。测点一般布置在结构上最大应变的位置。

在恒定荷载作用下,刚架将发生变形,通过静、动态电阻应变仪可以测得其静应变。如果给予刚架一个正弦规律变化的动荷载,刚架将产生强迫振动。此时,刚架中的柱、梁上的应变和应力亦按正弦规律发生变化,其响应频率与动荷载变化的频率相同。刚架作强迫振动的振动波形可以用光线示波器或磁带记录仪记录下来。若采用光线示波器,在测试前必须进行标定,可以由静、动态电阻应变仪给出一个标准应变 ε_0,在光线示波器的记录纸上得到标准应变的幅高 h_1 和 h_2。测试后,应再次标定。在动应变曲线后,又可以得一标定线 H_3 和 H_4。如图4—24所示。

在进行动态应变曲线分析时,如果某瞬时应变记录曲线的幅值为 h_1 和 h_2,则可以按式(8—36)得瞬时被测动态应变之振幅为

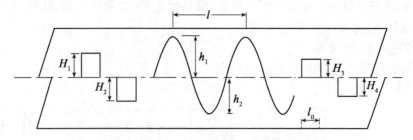

图 4—24 动态应变记录曲线及标定图

$$\varepsilon_{d\max} = \left(\frac{h_1}{\frac{H_1+H_3}{2}}\right)\varepsilon_0(\mu\varepsilon) \tag{4—16}$$

$$\omega_{d\max} = \left(\frac{h_2}{\frac{H_2+H_4}{2}}\right)\varepsilon_0(\mu\varepsilon) \tag{4—17}$$

在光线示波器上还给出时间坐标,若 l_0 表示时标信号在记录纸上的间隔(mm),l 表示应变波波长,f_0 表示时标信号频率 $\left(f_0=\dfrac{1}{t_0},t_0\text{为时标}\right)$,可以由式(8—37)得到动态应变波的频率

$$f=\frac{l_0}{l},\quad f_0=\frac{l_0}{lt_0} \tag{4—18}$$

动应力可以由 $\sigma_d = E \cdot \varepsilon_d$ 来计算。

5. 实验方法及步骤

(1)按照实验七,刚架静内力测量实验的方法步骤,将电阻片与电阻应变仪连接好,预调平衡。加上一定的静荷载后,电阻应变仪上的读数即为该给定荷载作用下的静应变 ε_j。

(2)再按静态应变测量步骤,进行静的预调平衡后,将选择开关转到"动"位置。

(3)将刚架上的电阻应变片按全桥路接法接入电阻应变仪的桥台上,将电阻应变仪的电流输出接至光线示波器的信号输入插孔。

(4)将电阻应变仪的标定键钮及衰减键钮置于零位后,打开电源开关,预调电阻的电容平衡,选择适当的衰减挡。

(5)根据动态应变仪的输出电流及刚架振动频率选择适当的振子。

(6)打开光线示波器的电源开关进行预热并起辉。

(7)将振子光点调到适当的位置(中间位置)。

(8)测试前的标定在静、动态电阻应变仪上选择适当的标定应变值 ε_0,光线示波器选择低级纸速。按下走纸按钮后,感光纸上绘出零线位置,再分别将标定开关拨到 $+\varepsilon_0$ 和 $-\varepsilon_0$。按下走纸拍摄按钮,记录出 $\pm\varepsilon_0$ 标定线 H_1 和 H_2。

(9)通过激振器使刚架作稳定的强迫振动后,按下走纸拍摄按钮,记录振动波形,该波形就是动应变曲线。

(10)关闭激振器,重复步骤(8)的过程进行测试后的标定。在动应变曲线后又可以得

到一标定线值 H_3 和 H_4。

(11)将记录纸取出在日光(灯光)下曝光片刻,即可得显现的动态应变曲线。

(12)实验完毕,关闭实验系统的电源。

(13)若采用磁带记录仪,就要注意其供电电压,正确估计动态应变仪送来的信号强弱,调节前置放大器,使记录信号达到满幅的 80%~90% 即可,放大时注意与磁带记录仪相匹配,还要注意选择适当的带速。然后将记录信号通过数据处理微机分析处理后即得结果。

6. 实验结果与分析

(1)分析记录的动态应变曲线,算出动态应变 ε_d 及应变频率 f。

(2)根据实验七的方法测试得到的静态应变及本实验测得的动态应变,计算动荷载系数 $K_d = \dfrac{\varepsilon_d}{\varepsilon_j}$。

(3)计算动应力 $\sigma_d = E \cdot \varepsilon_d$。

(4)根据结构力学的方法(力法、位移法或力矩分配法)计算在静荷载下刚架的静应变。再由动荷载系数 K_d 转换成动应变,与实验结果进行分析比较。

(5)计算相对误差 $\delta = \dfrac{\varepsilon_{理} - \varepsilon_{实}}{\varepsilon_{理}} \times 100\%$,并分析产生误差的原因。

7. 实验报告内容

实验报告内容包括:实验目的,实验装置及仪器简图,实验原理,实验方法步骤和实验结果与分析。

§4.3 单盘转子动力学实验

4.3.1 转子动力学实验的基本理论

在大型汽轮机组、水轮发电机组、马达等机组中,具有固定旋转轴的部件均称为转子。如果转子具有偏心质量,在运行中就会产生周期性的离心惯性力,使机组产生振动。这种振动可以分为两种情况:一种情况是当轴盘较细长、柔性较好,转速较高时,偏心质量引起的离心惯性力 $F = me\omega^2$ 使转轴产生动挠度,这时轴盘的转动称为弓形回旋。转子的动挠度随其频率比 $\lambda = \dfrac{\omega}{\omega_n}$ 而变化,当转速 ω 很低时,即频率比 $\lambda \approx 0$。动挠度很小,但当 $\lambda \approx 1$,即转速 ω 等于转子不转动而作横向自由振动的固有频率 ω_n 时,即使转子平衡得很好,偏心距 e 亦很小,其动挠度也会趋于无限大,而导致系统被破坏,此时转子的转速称为临界转速 $\left(\omega_k = \omega_n = \sqrt{\dfrac{k}{m}}\right)$。在弓形回旋时,虽然转轴内并不产生交变应力,但转子的离心惯性力却对轴承产生一个交变应力,并导致支承系统发生强迫振动,这就是在临界转速时产生剧烈振动的原因。因此,我们在柔性转子的高速运行中要避免出现临界转速;另一种情况是当转轴跨距不长,转速也不高,转轴刚性较大,变形很小,这种转子称为刚性转子。一般的单盘转子低速运行时均可以作为刚性转子处理,刚性转子的主要问题是平衡问题。依转子偏心质量的分布情况,在旋转时产生的离心惯性力可能引起转子的静不平衡问题或动不平衡问题。

如图4—25所示,属于刚性转子且质量分布不均匀,当转子以等角速度ω旋转时,则体内任一质量为m_i的质点M_i将产生离心惯性力F_i,设质点M_i至转子动轴心O之间的距离为r_i(又r_i称为M_i点的矢径),则离心力为$F_i=m_ir_i\omega^2$,其中$m_ir_i=u$,称为M_i点的不平衡量。转子上所有质点的离心力F_i组成一个离心惯性力系,一般可以将之向转轴上任一点简化为一个力(惯性力系主矢)和一个力偶(惯性力系主矩)。如果主矢和主矩均为零,就符合转子平衡的必要与充分条件,即转子平衡。此时的转轴称为通过质心的中心惯性主轴。若只是主矢为零,则说明转轴通过质心;若只是主矩为零,则此时的转轴称为惯性主轴。任何转子通过其质心都存在三个互相垂直的中心惯性主轴。这里只讨论靠近转轴的中心惯性主轴,该主轴通过转子的重心,但与转轴无相关关系,因而该主轴不一定和转轴重合,除非转子对转轴为中心的质量分布对称,所以一般转子几乎是不平衡的。要使之成为平衡转子,就必须在转子的某个局部加重或去重,调整转子的质量分布,使转轴和转子的中心惯性主轴吻合。

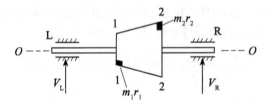

图4—25 刚性转子动不平衡情况示意图

若惯性力系简化为一通过质心的合力,其中心惯性主轴平行偏离于转轴,这时的不平衡状态称之为静不平衡。

若惯性力系简化为一力偶,转轴与中心惯性主轴交于重心,这时的不平衡状态称为偶不平衡。

若惯性主矢和主矩都不为零且不垂直,中心惯性主轴相对于转轴倾斜,但不相交,这时的不平衡状态称为动不平衡。

如何检测和校准刚性转子的平衡?一般是采用动平衡实验机作转子动平衡实验进行检测和校准。根据刚性转子的二面平衡原理:任一不平衡的刚性转子都可以在两个与转轴垂直的平面上进行校正得到平衡。如图4—25所示,将转子的不平衡量简化到两个任选的校正平面1—1和2—2上。因此,转子的任一不平衡面上的不平衡量,必然要在左、右两个轴承上同时引起振动,振动量的大小可以用左、右两个传感器来测量,用V_L,V_R表示。其中,L、R分别表示左、右轴承处的意思。

设m_1r_1和m_2r_2分别为校正面1—1和2—2上的不平衡量。1—1面上的单位不平衡量在L和R处引起的振动用α_{L1}和α_{R1}表示。2—2面上的单位不平衡量在L和R处引起的振动用α_{L2}和α_{R2}表示。α是一组与转子重量、重心位置、校正面位置及转子的惯性矩等有关的动力影响系数。这样,左、右轴承处的振动量分别为

$$\begin{cases} V_L=\alpha_{L1}m_1r_1+\alpha_{L2}m_2r_2 \\ V_R=\alpha_{R1}m_1r_1+\alpha_{R2}m_2r_2 \end{cases} \qquad (4-19)$$

联立求解上述两式可得校正面上的两个不平衡量U_L和U_R

$$\begin{cases} U_{\mathrm{L}} = m_1 r_1 = \dfrac{\alpha_{\mathrm{R2}}}{\Delta} V_{\mathrm{R}} - \dfrac{\alpha_{\mathrm{L2}}}{\Delta} V_{\mathrm{L}} \\ U_{\mathrm{R}} = m_2 r_2 = \dfrac{\alpha_{\mathrm{L1}}}{\Delta} V_{\mathrm{L}} - \dfrac{\alpha_{\mathrm{R1}}}{\Delta} V_{\mathrm{R}} \end{cases} \qquad (4-20)$$

式中 $\Delta = \alpha_{\mathrm{L1}} \alpha_{\mathrm{R2}} - \alpha_{\mathrm{L2}} \alpha_{\mathrm{R1}}$ 为方程(4—19)的系数行列式,求 $m_1 r_1$ 和 $m_2 r_2$ 的解算电路只要通过调整面板上的两个解算电位器即可以完成,并在加已知试重后,通过左、右量键钮给动平衡实验机定标。

综上所述,单转子的临界转速在数值上一般非常接近转子横向自由振动的固有频率,实验求之较方便。而刚性转子动平衡的检测与校准较普遍,很重要,也有一定的难度。在此主要介绍刚性转子的动平衡实验。

4.3.2 刚性转子的动平衡实验(实验二十七)

1. 实验目的

(1) 了解动平衡实验的基本概念;

(2) 了解动平衡实验机的结构与性能;

(3) 了解和掌握软支承平衡实验机的实验原理(平面分离、定标、选频、闪光测相位、轻重边设定)及实验方法。

2. 实验仪器及装置方框图

实验仪器设备有 RYQ—5 型闪光动平衡实验机、天平秤等。

实验装置方框图如图 4—26 所示。

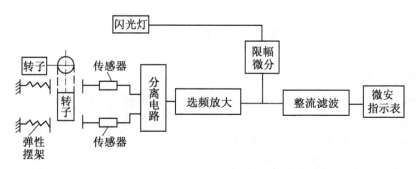

图 4—26 闪光式动平衡实验机实验方框图

3. 实验模型

实验模型为实验转子及配重。

4. 实验原理

如图 4—26 所示,RYQ—5 型软支承平衡的 SG 型双面显示自动记忆电箱,为数子及模拟集成电路构成,测量电路采用跟踪式带通滤波器选频,用频闪方式测量相位,用微安表指示不平衡量的大小。通过电机上的皮带驱动转子,左、右速度传感器通过弹性摇摆架拾取转子的振动信号并传送入动平衡实验机的控制电箱。振动信号由平面分离和带通选频放大电路后,得到正比于不平衡量的正弦电压,经整流电路变成直流电,由微安表指示出不平衡量的大小。另一方面,正弦电压信号由选频放大、限幅、微分后得到负脉冲去触发闪光管,其闪光频率与转子旋转频率同步,即转子每转一周,闪光照射一次,故看起来转子如处于静止状态。其对应的波形关系如图4—27所示。

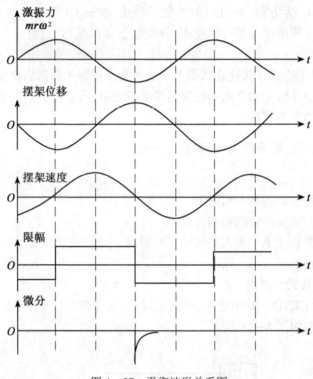

图4—27 平衡波形关系图

5. 实验方法及步骤

实验方法分为准备、校测和平面分离的使用三个方面进行。

(1)准备工作

①先把电动机和测量电箱的电源接通;

②合上测量电箱的电源开关,指示灯亮;

③根据转子轴承间的距离调节好摇摆架的间距,张紧皮带,将左、右摆架固定好,在轴承处适当加些润滑剂;

④在所测的转子的外圆或端面用粉笔或白油漆画上记号便于闪光灯读出转子不平衡量的相位。

(2)校测方法

①将操作面板上的"左量W_1、右量W_4"旋转至"5.0"位置,而"左平面W_2、右平面W_3"也旋转至"5.0"位置上。

②将"轻、重"变换开关拨至"重"位置(如果检测转子轻边,则应拨至"轻"位置)。

③将衰减器调节至适当位置,一般由高挡依次调节至低挡。

④选定某相位加一试重,启动电机使转子旋转。

⑤当转速稳定后,置 SW_2 于 Hand 位置,调节"转速选择 0/min"键钮,使微安表指针指示到最大。

⑥将闪光灯尽量移近转子的标记处。打开闪光灯,调节轻重键钮至轻边,可以读出试重所在相位,而指针示值即试重大小。将所测得的试重取下,用天平称得重量,并计算出初始不平衡量以及剩余不平衡量的大小,记录于表 4—8 中。

表 4—8

	左 面				右 面			
初始(轻边)	量值		角度		量值		角度	
剩余(轻边)	量值		角度		量值		角度	

(3) 平面分离的使用和调节

当要对成批的重量、尺寸相同的转子作平衡校测时,为了提高效率、缩短校测时间,可以将平面分离电路调节后再进行校测。具体调节如下:

①用去掉试重的"标准转子",再来调整面的分离电路。

②将(1)、(2)SW_4 变换开关拨至(2)上,将已知质量的试重加在"标准转子"的右校测面上,其半径即为将来整批转子去重位置的半径。

③驱动转子达平衡转速,然后旋转右量 W_4,将仪表的读数调整到与已知重量成整数比例的位置上,使仪表每格代表一定的不平衡重量。

④将(1)、(2)SW_4 变换开关拨至(1)上,用 W_2 键钮调节仪表读数达最小。

⑤将试重从标准转子的右校测面移至左校测面,按步骤②、③相类似的方法来调节左量 W_1 键钮,然后将(1)、(2)SW_4 变换开关拨至(2)上,调整右平面旋钮,使右边仪表读数为最小。

⑥如此左右反复几次,平面的分离电路即可以调整完毕。

调整完后,将被测的转子放置动平衡实验机上,启动电机,使转子旋转即可以在仪表上直接得到各转子在某校测平面上的不平衡量的数值大小及相位。

6. 实验数据处理

根据记录数据计算每个校测面上对应的最小可达剩余不平衡量

$$U_{\text{mar}1,2} = e_{\text{mar}}^* \cdot \frac{M}{2} \quad (\text{g} \cdot \text{mm})$$

式中,e_{mar} 为剩余不平衡率(转子偏心距),用 g·mm/kg 来表示,M 为转子质量(kg),$\frac{M}{2}$ 是简化到校测面上的当量质量。

7. 思考与分析

如果转子较细长、转速较高,已校正的转子还会平衡吗?为什么?

---

* mar—Minimum achievable residual unbalance.

4.3.3 柔性转子动平衡的概念

一般情况下,转子在整个转速范围内达到动平衡时,一定能满足静平衡,但满足静平衡的,不一定能达到动平衡。在实际工程中,若转子的长度与其直径 D 的比值 $\frac{l}{D}<0.2$ 时,一般只要做静平衡实验就可以满足要求。

对于刚性转子的动平衡实验,我们忽略了离心惯性力引起动挠度的影响。若转速较低、动挠度很小,动平衡的转子可以作刚性转子考虑,称为刚性动平衡或低速动平衡。但是对于转速较高、转子尺寸相应较细长,其动挠度不可忽略,这样在低速时已平衡的转子,到高速时又会失去平衡而发生剧烈振动。校正这种不平衡一定要把离心惯性力引起的动挠度影响考虑进去,这种平衡称为柔性转子动平衡,也称为高速动平衡。这种高速动平衡常用的确定方法是振型平衡法,限于篇幅,这里不再叙述。

§4.4 结构的隔震、防震、消震实验

结构系统的阻尼是影响系统振动响应的重要参数,也是隔震、减震、防震的重要因素,因而掌握阻尼参数测定方法十分重要。

4.4.1 简支梁系统阻尼的测试实验(实验二十八)

1. 实验目的
(1) 了解结构系统阻尼的测试原理;
(2) 掌握结构系统阻尼的测试方法。
2. 实验装置及仪器框图
阻尼测试的实验装置及仪器框图如§4.1中实验十九的图4—5所示。
3. 实验原理
确定系统阻尼参数的常用方法有:① 用自由衰减法求阻尼比 ξ;② 通过测定系统的共振频率来确定阻尼比 ξ;③ 由半功率点法确定阻尼比 ξ。对于阻尼不大,各阶固有频率较离散的多自由度系统或弹性结构体系的各阶阻尼可以通过半功率点法来测定。

对于一个多自由度系统,若作用一激振力 $F=F_0\sin\omega t$,则系统某一点的位移响应为
$$x_i = B_i\sin(\omega t - \psi_i)$$
若控制 F_0 不变,从低到高改变 ω,则将通过测试得到如图4—28所示的响应曲线。这条曲线的每一个峰值对应于一个固有频率。如果测点选择得当(不在某阶节点上),由此可以依次得到若干阶固有频率。

对应于每一个峰值 $B_i(\omega_{ni})$,绘一条水平线,使其纵坐标为 $\frac{B_i(p_i)}{\sqrt{2}}$,该线与峰值两边的曲线相交,交点所对应的频率记为 ω'_i、ω''_i(见图4—28),于是按半功率点方法可以求得各阶阻尼比

$$\xi_i = \frac{\omega''_i - \omega'_i}{2\omega_{ni}}, \quad i=1,2,3,\cdots \tag{4—21}$$

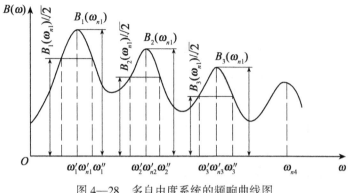

图 4—28 多自由度系统的频响曲线图

各阶阻尼系数 $\omega'_1, \omega'_{n_1}, \omega''_{123}, \omega_{n_4}, \dfrac{B_1(\omega_{n_1})}{\sqrt{2}}$。

$$n_i = \omega_{n_i} \times \xi_i = \frac{\omega''_i - \omega'_i}{2} \quad (4\text{—}22)$$

一般地，只要激振点以及测点都不是正好选在某阶节点上，用上述正弦扫描的方法就可以找到扫频范围内所有的固有频率 ω_{n_i} 和所对应的 ξ_i 及 n_i。

4. 实验方法及步骤

(1) 将传感器置于简支梁上，其输出端接到测振仪，用以测量简支梁的振动幅值。

(2) 将激振器的平衡位置与简支梁的平衡位置调整吻合，输入端接到信号发生器，开启信号发生器的电源开关，对简支梁系统施加交变正弦激励力，使系统产生正弦振动。

(3) 将激振频率由低到高逐步增加，当激振频率等于系统的第一阶固有频率时，系统产生共振，测点振幅急剧增大，将各点振幅记录下来。根据各测点振幅便可以绘出第一阶主振型图，信号源显示的频率就是系统的第一阶固有频率 ω_{n_1}。用同样的方法可以得到第二、三、…阶的固有频率 $\omega_{n_2}, \omega_{n_3}, \cdots$ 和主振型。

5. 实验结果与分析

(1) 用实验结果的数据绘出多自由度系统的频响曲线 $\omega \sim B(\omega)$ 图；

(2) 在频响曲线 $\omega \sim B(\omega)$ 上按半功率点方法找出一系列 ω'_i, ω''_i，计算 ξ_i 及 n_i；

(3) 将理论计算出的各阶固有频率与实测固有频率相比较是否一致？分析产生误差的原因在哪里？由此可以判断所测试的阻尼比 ξ_i 及 n_i 的精确性。

4.4.2 防震锤的防震、减震实验(实验二十九)

1. 实验目的

(1) 了解防震锤防震、减震的原理；

(2) 探讨结构的防震、减震方法。

2. 实验设备与仪器

实验装置方框图如图 4—29 所示。实验设备包括：

(1) 振动实验支架、质量块；

(2) 速度传感器、测振仪；

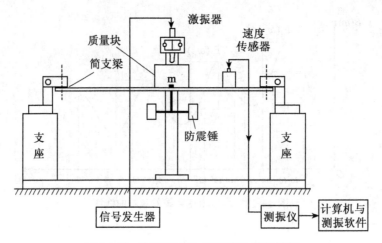

图4—29 防震锤防震、减震实验装置框图

(3)防震锤;
(4)信号发生器、激振器;
(5)计算机及测振软件;
(6)游标卡尺、钢尺等。

3. 实验原理

一简支梁中点上有一集中质量块 m_1,其上由激振器给一激振力 $F_0\sin\omega t$,使系统产生上下振动,如图4—30(a)所示。为消去(或减轻)简支梁的强迫振动,可以在简支梁中点处附加一防震锤 m_2,如图4—30(b)所示。该系统即可以简化为一个二自由度的弹簧质量系统,即简支梁与质量块 m_1 可以用 m_1—k_1 表示,且在 m_1 上作用一正弦激励 $F_0\sin\omega t$,而防震锤用 m_2—k_2 表示。如图4—30(c)所示。

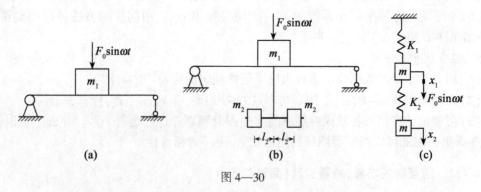

图4—30

系统的运动微分方程为

$$\begin{cases} m_1\ddot{x}_1+(k_1+k_2)x_1-k_2x_2=F_0\sin\omega t \\ m_2\ddot{x}_2-k_2x_1+k_2x_2=0 \end{cases} \quad (4-23)$$

设运动微分方程的特解为

$$\begin{bmatrix} x_1 \\ x_2 \end{bmatrix} = \begin{bmatrix} B_1 \\ B_2 \end{bmatrix}\sin\omega t \quad (4-24)$$

将式(4—24)代入式(4—23)得

$$\begin{bmatrix} k_1-m_1\omega^2 & -k_2 \\ -k_2 & k_2-m_2\omega^2 \end{bmatrix} \begin{bmatrix} B_1 \\ B_2 \end{bmatrix} = \begin{bmatrix} F_0 \\ 0 \end{bmatrix} \quad (4—25)$$

故

$$\begin{bmatrix} B_1 \\ B_2 \end{bmatrix} = \frac{\begin{bmatrix} k_2-m_2\omega^2 & k_2 \\ k_2 & k_1-m_1\omega^2 \end{bmatrix}}{\begin{vmatrix} k_1-m_1\omega^2 & -k_2 \\ -k_2 & k_2-m_2\omega^2 \end{vmatrix}} \begin{bmatrix} F_0 \\ 0 \end{bmatrix} \quad (4—26)$$

或

$$\begin{cases} B_1 = \dfrac{(k_2-m_2\omega^2)F_0}{(k_1-m_1\omega^2)(k_2-m_2\omega^2)-k_2^2} \\ B_2 = \dfrac{k_2 F_0}{(k_1-m_1\omega^2)(k_2-m_2\omega^2)-k_2^2} \end{cases} \quad (4—27)$$

若 $\omega^2 = \dfrac{k_2}{m_2}$，则 $\begin{cases} B_1 = 0 \\ B_2 = -\dfrac{F_0}{k_2} \end{cases}$。

若调节防震锤的 l_2 来改变 k_2，使防震锤的固有频率与激振频率 ω 相同。则简支梁与马达组成的 m_1—k_1 系统就不产生强迫振动，而防震锤的 m_2—k_2 系统就以 $X_2 = -\dfrac{F_0}{k_2}\sin\omega t$ 作强迫振动，犹如把梁的振动能量吸引过来，取而代之达到消振的目的。这就是防震锤防震（减震）的实验原理。

4. 实验方法与步骤

(1) 量测简支梁的尺寸，记录下梁及质量块的物理参数 E、m 等。

(2) 在振动实验支架的简支梁中点安装质量块，把激振器支架调至对准质量块，在质量块的下方安装防震锤。

(3) 打开信号发生器，使激振器按某一振动频率 ω 对质量块激振使之产生强迫振动。此时，梁系统和防震锤系统均产生强迫振动。

(4) 调整防震锤的杆长 l_2，则梁系统的强迫振动会发生变化。继续调整 l_2 的大小，使梁系统的强迫振动停止，只剩下防震锤系统继续振动，实验停止。

5. 实验结果与分析

(1) 实验停止后，记下防震锤系统的 m_2 及 l_2，并计算系统的刚度 k_2 和固有频率

$$k_2 = \frac{3EI}{l_2^3}, \quad \omega_{n_2} = \sqrt{\frac{k_2}{m_2}} = \sqrt{\frac{3EI}{m_2 l_2^3}}$$

(2) 比较 ω_{n_2} 与 ω 是否一致？为什么？

(3) 该系统有两个固有频率 ω_{n_1} 及 ω_{n_2}。因此，若选择 m_2—k_2 不当时，也可能产生新的共振。为此，m_2 不能过小。

(4) 若 $\omega_{n_2} = \omega$，但 $B_1 \neq 0$，为什么？

第 5 章　工程实例与自选设计实验

前述的实验绝大部分属于基础实验,实验的目的是对学生进行结构力学实验所使用的仪器的性能、操作方法、实验目的、实验原理、实验步骤和实验结果处理与分析等系统训练。为了培养学生综合运用基础实验知识的能力,培养学生运用实验手段解决工程实际问题的能力,培养学生设计实验和组织实验的能力,培养学生的想像力、创造力、动手能力和分析研究能力等创新精神,本章首先推荐三个结合实际的综合性创新应用实验——"压力钢管补强加固的实验研究","高层建筑结构坍塌破坏的实验研究"和"某钢厂烧结分厂筛粉楼振动测试研究",然后列举了"斜拉桥某拉索失效后荷载转移和结构变形研究"等 14 个综合性实验的题目,供学生进行研究设计实验。此外,学生也可以从其他工程问题中选择设计实验。

§5.1　压力钢管补强加固的实验研究

本实验是武汉大学土木建筑工程学院工程力学专业研究生陈亚鹏在作者指导下,利用模型实验理论和电测法基本原理完成的一个结构静力学的综合实验。这项实验是力学研究生结合科研生产任务解决工程实际的实验研究问题,是一个学生自己动手设计、组织实验的典范。

5.1.1　概述

某水利枢纽位于某河流龙亭瀑布上游约 1km 处,工程由拦河大坝、岸坡式进水口、引水隧洞、调压井、高压管道、地面厂房和开关站等建筑物组成,电站总装机容量 2×65MW,1969 年 3 月 30 日第一台机组投产发电,1973 年 8 月 28 日第二台机组投产发电,同年年底工程基本竣工,电站主要担任调频、调峰、调相和电网备用任务。电站高压管道长约 274m,坡度 1∶1.7,钢衬内径 6.4m,混凝土厚 60cm,局部管内补加钢板混凝土,内径渐缩为 5.0m,岔管 $1^{\#}$ 机、$2^{\#}$ 机支管长 33.6m,其内径 4.0m,压力钢管明管段(以下简称压力钢管)最大水头 125.0m,最小水头 105.0m,设计水头 108.0m,甩负荷水压上升率为 56.54%。

2002 年该二级水电站电厂委托武汉大学对电站金属结构进行了安全检测,经检测发现:压力钢管的外观情况较好,管体无变形、裂纹及损坏的情况;伸缩节密封较好无渗水现象,排水设施工作正常,支墩、镇墩没有位移和沉陷现象;$1^{\#}$ 机支管在凑合节部位有一块 600mm×2 400mm 的钢板产生两个甚至多个反射波的情况,其夹层厚度从 7.5mm 至 14.5mm 不等。其夹层区所在部位如图 5—1 所示。

$2^{\#}$ 机支管凑合节钢管设计厚度 22mm,这次检测厚度为 19~20mm,与设计厚度相比较腐蚀量在 2~3mm,且腐蚀量比其他钢板都大。

经采用三维有限元方法对压力钢管进行强度复核和综合分析后认为:鉴于压力钢管已

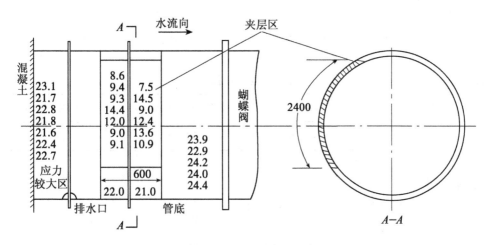

图 5—1 1#机压力钢管夹层区位置示意图

使用三十多年,材质存在一定程度的老化;钢管锈蚀严重;存在明显的夹层;其应力超出相关设计规范规定,已不能满足现行规范要求。受水电站厂方委托,实验者在作者的指导下提出压力钢管碳纤维加固方案,并进行了碳纤维加固的实验研究。

5.1.2 实验目的

本实验是在 2002 年检测结果的基础上,提出用碳纤维对钢管补强加固的。本实验的目的为:

(1) 对该二级水电站明管段的压力钢管碳纤维加固方案进行验证。
(2) 分析碳纤维与钢板联合工作下的力学性能。

5.1.3 实验内容

实验内容包括三种工况,每种工况 2 组试件,总共 6 组试件进行测试,测试内容为:

(1) 钢管模型 ($l=1\text{m}, D_{外}=352\text{mm}, t=2.26\text{mm}$) 加载后,测试钢管的环向变形及其与荷载的关系。

(2) 钢管模型 ($l=1\text{m}, D_{外}=352\text{mm}, t=2.26\text{mm}$) 外包裹一层碳纤维布 ($l=55\text{cm}$),然后加载,测试钢管、碳纤维的环向变形及其与荷载的关系。

(3) 钢管模型 ($l=1\text{m}, D_{外}=352\text{mm}, t=2.26\text{mm}$) 外包裹一层碳纤维布 ($l=98\text{cm}$),然后加载,测试钢管、碳纤维的环向变形及其与荷载的关系。

5.1.4 模型设计与制作

模型需和原型结构保持相似才能由模型实验的数据和结果推算出原型结构的数据和结果。模型实验理论以相似原理和量纲分析为基础,确定模型设计中必须遵循的相似准则,模型与原型的相似条件是:①几何相似;②相应物理量成比例;③各相似常数之间要满足一定的组合关系,即相似指标为 1。

1. 模型材料选择

(1)钢材

选择厚 2.26mm 的 A_3 钢,力学性能指标如表 5—1 所示。

表 5—1　　　　　　钢材力学性能指标

类型	尺寸/mm	屈服强度/MPa	极限强度/MPa
钢板	厚度 t = 2.26	287	362

(2)碳纤维

碳纤维布的各项性能指标如表 5—2 所示。

表 5—2　　　　　　碳纤维布的各项性能指标

碳纤维布的型号	抗拉强度/MPa	弹性模量/GPa	延伸率/(%)	设计厚度/mm	单位面积重量/(N/m²)
L300—C	3940	235	1.7	0.162	3

(3)粘结剂

采用武汉大学建筑结构检测与加固研究中心研制的 WSX 型纤维粘结剂,其各项力学性能指标如表 5—3 所示。

表 5—3　　　　　　碳纤维粘结剂的力学性能指标

结构胶	拉伸剪切强度/MPa	拉伸强度/MPa	耐久性能/h	耐疲劳性能/万次
性能	11.00	33.51	2000	200

(4)碳纤维与粘结剂复合材料

碳纤维与粘结剂复合材料各项力学性能指标如表 5—4 所示。

表 5—4　　　　　　碳纤维与粘结剂复合材料的力学性能指标

结构胶	厚度/mm	极限强度/MPa	弹性模量/GPa
性能	1.06	393	154

2. 模型设计

(1)设计依据

模型设计的基本原理是相似原理,相似原理是由三个相似定理组成的。

(2)相似常数的确定

根据相似定理条件取各相似常数(下标 p 表示原型,下标 m 表示模型)如下:

几何相似常数
$$a_l = \frac{x_p}{x_m} = \frac{y_p}{y_m} = \frac{z_p}{z_m} = \frac{u_p}{u_m} = \frac{v_p}{v_m} = \frac{w_p}{w_m}$$

弹性模量相似常数
$$a_E = \frac{E_p}{E_m}$$

泊松比相似常数
$$a_\mu = \frac{\mu_p}{\mu_m}$$

边界面力相似常数
$$a_{\bar{X}} = \frac{\bar{X}_p}{\bar{X}_m}$$

体积力相似常数
$$a_X = \frac{X_p}{X_m}$$

应力相似常数
$$a_\sigma = \frac{(\sigma_x)_p}{(\sigma_x)_m} = \frac{(\sigma_y)_p}{(\sigma_y)_m} = \frac{(\sigma_z)_p}{(\sigma_z)_m} = \frac{(\sigma_{xy})_p}{(\sigma_{xy})_m} = \frac{(\sigma_{xz})_p}{(\sigma_{xz})_m} = \frac{(\sigma_{yz})_p}{(\sigma_{yz})_m} = \frac{(\sigma_p)_p}{(\sigma_p)_m}$$

应变相似常数
$$a_\varepsilon = \frac{(\varepsilon_x)_p}{(\varepsilon_x)_m} = \frac{(\varepsilon_y)_p}{(\varepsilon_y)_m} = \frac{(\varepsilon_z)_p}{(\varepsilon_z)_m} = \frac{(\varepsilon_{xy})_p}{(\varepsilon_{xy})_m} = \frac{(\varepsilon_{xz})_p}{(\varepsilon_{xz})_m} = \frac{(\varepsilon_{yz})_p}{(\varepsilon_{yz})_m} = \frac{(\varepsilon_p)_p}{(\varepsilon_p)_m}$$

①由已知条件确定下面的相似常数
由于模型与原型的钢材、碳纤维完全一样,故 $a_E = 1$, $a_\mu = 1$。
因钢管中的水重为 $2.49 \times 3.14 \times 16 \times 9800 = 1225956.48 \text{N}$
钢管自重为 $2 \times 3.14 \times 0.022 \times 7800 \times 2.49 \times 9.8 = 105187 \text{N}$
静水压力及甩负荷的相当重量为
$$1.69063 \times 10^6 \times 2 \times 3.14 \times 4 \times 2.49 = 1.057 \times 10^8 \text{N}$$
经比较得   钢管中的水重/相当重量 = 1/100

钢管自重/相当重量 = 1/1000

故在建立实验模型时可以忽略钢管中的水重及钢管自重作用,即结构的体力不计。
②由力学方程确定各相似常数的内在关系
如图 5—2 所示,由材料力学相关公式可知,薄壁圆筒应力计算公式为

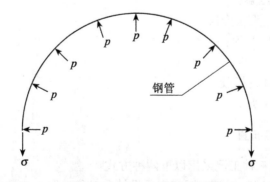

图 5—2 薄壁圆筒内力图

$$P = \frac{\sigma \cdot t}{R}$$

式中：P——内水压力；
　　　t——薄壁圆筒厚度；
　　　R——薄壁圆筒半径。

对于原型压力钢管　　　　$(P)_p = \dfrac{(\sigma)_p \cdot (t)_p}{(R)_p}$

对于模型钢管　　　　　　$(P)_m = \dfrac{(\sigma)_m \cdot (t)_m}{(R)_m}$

其中　$(P)_p = (P)_m, (t)_p = 22mm, (t)_m = 2.26mm, (R)_p = 2000mm, (R)_m = 175.36mm$
则　　　　　$a_\varepsilon = 1.167$，$a_\sigma = 1.167$，$a_\chi = 1$，$a_E = 1$，$a_\mu = 1$。

3. 模型制作

根据确定的相似常数即可以确定模型的尺寸与外荷载为：本模型用厚 2.26mm 的 A_3 钢材，加工成半径为 17.586cm 的圆钢管，考虑到两端的封堵钢板厚度不够，不能承受巨大的内水压力，故在两端封堵钢板的中心焊接一根 $\phi25$ 的螺纹钢筋，此外在其中一端的封堵钢板上设置一个进水阀和一个排气阀，如图 5—3 所示。

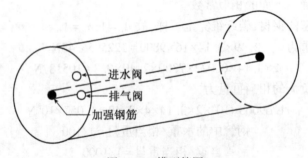

图 5—3　模型简图

5.1.5　实验仪器设备及框图

1. SSY150—1 型水压泵；
2. DH3816 型静态电阻应变仪；
3. BX120—5AA 型应变片；
4. 温度补偿片；
5. 502 胶及南大 703 硅橡胶等。

实验框图如图 5—4 所示。

5.1.6　实验的测点布置

模型测点布置针对三种工况采用以下两种方式：

1. 适用于第一种工况。在模型圆筒表面沿轴向对称布置 4 排测点，其中一排在焊缝附近，这一排只布置 3 个测点，每个测点(轴向与环向)互相垂直布置 2 个应变片，其余的每排

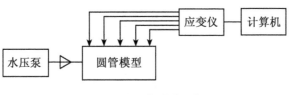

图 5—4　实验仪器装置框图

布置 9 个测点。有的仅测环向,有的测环向与轴向,一共布置 32 个测点、42 个应变片。如图 5—5 所示。

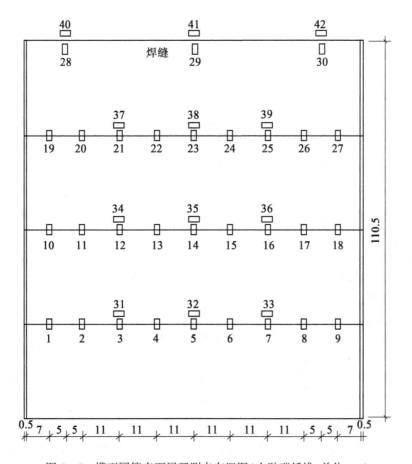

图 5—5　模型圆筒表面展开测点布置图(未贴碳纤维,单位:cm)

2. 适用于第二、三种工况。在模型圆筒表面沿轴向对称布置 4 排测点,1~12 号测点(轴向)贴在钢板上,每个测点布置 1 个应变片,括号内的 13~24 号测点(轴向)贴在碳纤维上,每个测点布置 1 个应变片,一共布置 24 个测点、24 个应变片,如图 5—6 所示。

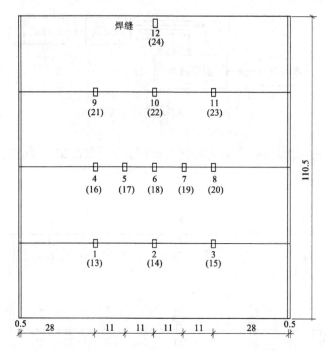

图 5—6 模型圆筒表面展开测点布置图(粘贴一层碳纤维,单位:cm)

5.1.7 实验方法与操作

1. 实验准备工作

本实验有包裹碳纤维和不包裹碳纤维两种模型,进行电测法实验。因此,在正式实验前必须做好两项工作。

(1)应变片粘贴

应变片的粘贴与防护是应变片测量中获得高精度测量数据的重要环节,应特别重视,因此,对粘贴应变片有如下的技术要求:

①贴片表面应用手握式砂轮机打磨,之后要用 00# 砂布沿贴片方向呈 45°角交叉打毛,使之利于粘贴,粘贴用的应变片应逐个测量电阻值,测量片和温度补偿片之间的电阻值相差应小于 0.2Ω。

②用铅笔在试件上画出应变片的定位线。用脱脂棉球蘸少量丙酮(或无水酒精、四氯化碳等)清洗贴面表面,清洗面积应比应变片基底面积大 10 倍以上。清洗时先从中心开始逐渐向外擦,棉球脏后要更换新的,一直清洗到擦过的棉球不变色为止。

③左手拇指和食指夹住应变片的引线,在应变片的基底上滴一滴 502 胶,将应变片和贴片处迅速贴合,并使应变片的对称线(轴线)与定位线对准,在应变片上盖一块聚四氟乙烯薄膜,用右手拇指压在应变片上,压力约为 5N,1 分钟后即可以松开,10 分钟后揭去塑料薄膜。贴片时动作要准确、迅速。加压时,力要垂直于贴片表面,不要使应变片滑动。若粘贴效果不好,表明胶水已失效,需要更换合格的胶水重贴。

④在应变片引线下垫一小块绝缘胶布或透明胶带,将上好锡的导线用医用胶布固定在试件上,在胶布上滴两滴502胶加强粘结力。用镊子把应变片的引线弯成弧形后与导线焊接,焊接时间要短,焊点应呈光滑的球状。如图5—7所示为应变片引线的焊接与固定情况。

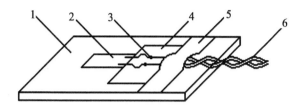

1—试件;2—应变片;3—焊点;4—绝缘胶布;5—胶布;6—导线

图5—7 应变片引线的焊接与固定示意图

⑤为防止湿气浸入粘贴层,可以用703硅橡胶均匀地涂在应变片上,涂敷面积要大于应变片基底。该胶在常温下经8小时即可以固化,具有良好的防潮、防水功能。

(2)碳纤维布粘贴

碳纤维布粘贴技术要求:

1)粘贴必须遵循下列工序进行:

①粘贴准备;

②钢管表面处理;

③配制并涂刷底层树脂;

④配制找平材料并对不平整处作修复处理;

⑤配制并涂刷浸渍树脂或粘贴树脂;

⑥粘贴碳纤维布。

2)施工宜在5℃以上环境温度条件下进行,并应符合配套树脂的施工使用温度。当环境温度低于5℃时,应使用适用于低温环境的配套树脂或采取升温处理措施。

3)施工时应考虑环境湿度对树脂固化的不利影响。

4)在表面处理和粘贴碳纤维布前,应按外包设计部位放线定位。

5)树脂配制时应按产品使用说明中规定的配比称量置于容器中,用搅拌器均匀搅拌至色泽均匀,搅拌用容器内及搅拌器上不得有油污及杂质。应根据现场实际环境温度决定树脂的每次拌合量,并按使用要求严格控制使用时间。

6)实验安全及注意事项:

①碳纤维布为导电材料,粘贴碳纤维布时应远离电气设备及电源,或采取可靠的防护措施。

②碳纤维布配套树脂的原料应密封储存,远离火源,避免阳光直接照射。

③树脂的配制和使用场所,应保持通风良好。

④现场的实验人员应采取相应的劳动保护措施。

2. 加载方案设计

在正式加载前要确定一个加载方案,即确定最初和最终加载值、荷载增量及级次等:

(1)实验最终值 P_p 为 $P_{max}/2 < P_p < P_{max}$,$P_{max} = (0.7 \sim 0.8)\sigma_s \cdot A_0$,$A_0$ 为受力面积;

(2)实验最初加载值 P_0 为 $P_0 = 0.1 P_{max}$;

(3)实验荷载增量 ΔP 为多少?主要根据电阻应变仪读数情况而定,一般能使应变仪有较大的读数即可。确定后,其级次就不难确定了。

根据上述加载原则,本次实验的最初加载值 $P_0 = 0.2$ MPa,最终加载值 $P_p = 4.0$ MPa,加载增量为 $\Delta P = 0.2$ MPa,一共分为 20 级。

3. 实验操作步骤

(1)把水压泵导管与模型端侧进水阀接通,并给模型灌满水。采用多点(60点)半桥公共补偿法测量。将模型上各测点应变片和温度补偿片接于应变仪的平衡箱上,调整电阻应变仪,使它们处于平衡状态。

(2)在正式加载前,先预载 0.2MPa 测读数据,观察模型装置和仪表是否正常工作。若不正常工作应及时排除故障,若各项情况正常,则卸载为零,重新调整各仪器仪表,将电阻应变仪调整到初始平衡位置,即可以开始加载实验。

(3)开始分级加载,每级加载后,持荷 2 分钟,待仪表的指示值基本稳定后记录各项荷载下的各应变片的应变值,并观察钢管的变形过程、用数码相机对其局部照相。

(4)重复实验步骤(3)进行 2~3 次实验,直至测得三组实验数据,然后进行数据处理。

(5)实验结束,卸载,清理实验现场,将水压泵和应变仪复原。

5.1.8 实验数据处理

模型实验是借助于各种仪器、设备,采用不同的实验方法对各种测试对象的力、位移、应力、应变等物理量进行量测。由于所使用的仪器、设备的精度限制,测试方法不够完善,环境条件的影响和人为因素的制约,所量测的物理量不可避免地存在误差,因此,必须对所测数据进行合理的分析和正确的处理,以减少误差得到反映实际实验规律的物理量。

经分析和处理的各种工况下的实验数据及图、表如图 5—8~图 5—19 及表 5—5 所示。

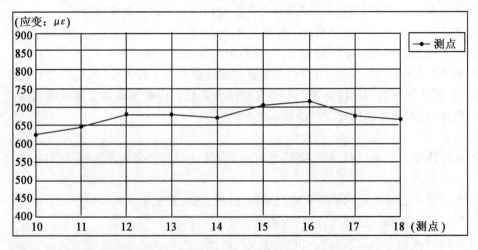

图 5—8 钢管模型未加碳纤维时应变沿纵轴线分布图(内水压力=2.0MPa)

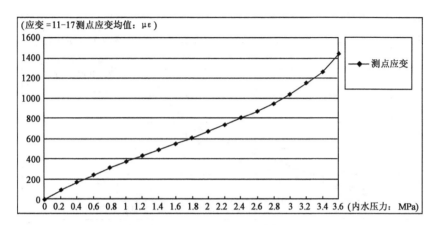

图 5—9　钢管模型未加碳纤维时测点内水压力—应变图

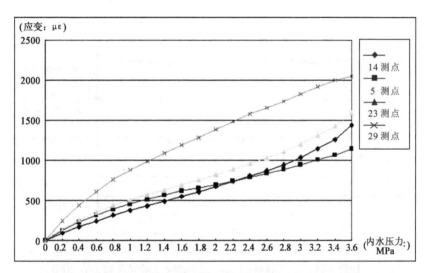

图 5—10　钢管模型未加碳纤维时环向四测点应变比较图

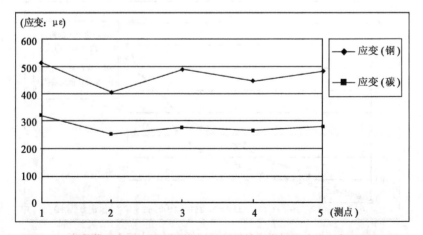

图 5—11　钢管模型半包一层碳纤维时应变沿纵轴向分布图（内水压力=2.0MPa）

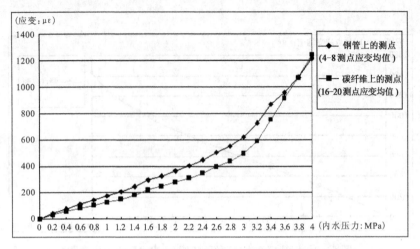

图5—12 钢管模型半包一层碳纤维时内水压力—应变图

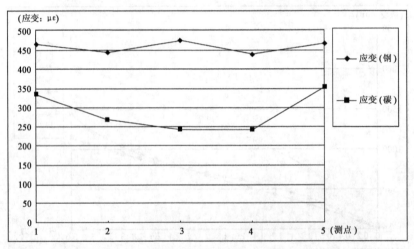

图5—13 钢管模型全包一层碳纤维时应变沿纵轴向分布图(内水压力=2.0MPa)

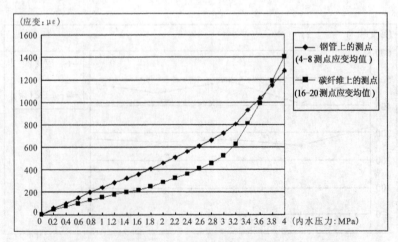

图5—14 钢管模型全包一层碳纤维时内水压力—应变图

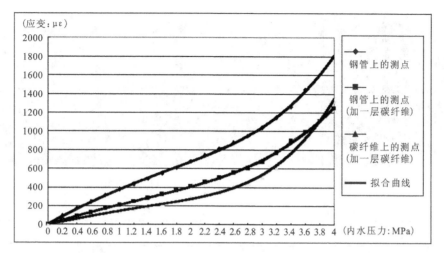

图5—15 钢管模型包一层碳纤维时内水压力—应变比较图

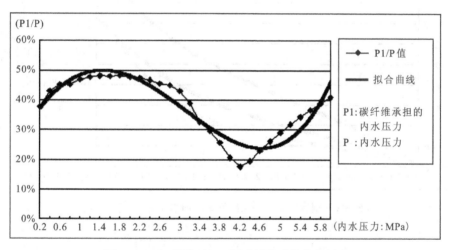

图5—16 钢管模型包一层碳纤维时荷载比例图

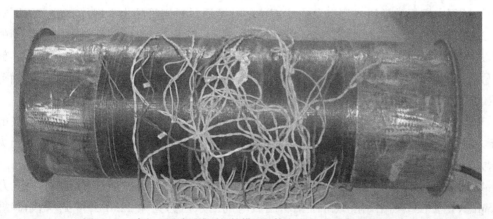

图5—17 半包一层碳纤维时钢管模型整体变形图(内水压力=4.0MPa)

图 5—18　半包一层碳纤维时钢管模型局部变形图

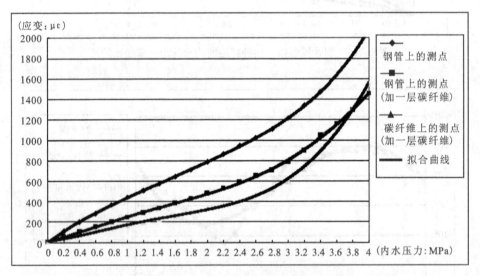

图 5—19　钢管原型包一层碳纤维时内水压力—应变比较图

5.1.9　实验成果分析及结果

1. 钢管模型焊缝部位应变较大，可见焊缝部位是整个钢管模型的薄弱部分，说明在模型制作过程中钢板的卷压成型以及连接部位的焊接质量对钢管的力学性能有较大的影响。

2. 钢管外包碳纤维时应采用全包方式。从图 5—17 可见，半贴碳纤维的钢管模型的变形形式，钢管两端未贴碳纤维的部位变形较大；从图 5—18 可见，由于碳纤维在其边界部位受剪力较大，而碳纤维的抗剪能力又较弱，从而造成碳纤维的剪切破坏；为保证压力钢管全管段的正常安全运行，应采用全包的粘贴方式。

3. 从图 5—16 可见，在钢管模型处于弹性阶段时，碳纤维胶合体承担了 20%～50% 的内水压力且呈先增大后逐渐减小的趋势，而当钢管屈服之后，碳纤维胶合体承担的内水压力逐渐增大，由此可见，粘贴碳纤维可以显著提高压力钢管的负荷水平。

4. 由表 5—5 可以推导出，钢管模型在未粘贴碳纤维钢材屈服时的内水压力为 3.55MPa，钢管模型在粘贴了碳纤维钢材屈服时的内水压力为 4.22MPa，可见，粘贴碳纤维的钢材屈服时所承受的内水压力值提高了 18.9%。

表 5—5　　　　压力钢管模型与原型应变数据表　　　（应变单位：με）

内水压力/MPa	纯钢管(模)	纯钢管(原)	钢-加(模)	钢-加(原)	碳-加(模)	碳-加(原)
0	0	0	0	0	0	0
0.2	93	108	49	57	39	45
0.4	172	201	90	105	66	77
0.6	243	284	129	151	91	106
0.8	316	368	172	201	117	136
1	378	441	209	244	141	164
1.2	434	507	247	288	165	193
1.4	493	575	285	333	192	224
1.6	551	643	327	382	221	258
1.8	608	710	366	428	250	291
2	675	787	411	479	284	332
2.2	740	864	455	531	318	371
2.4	809	944	503	588	355	414
2.6	875	1021	557	650	402	469
2.8	949	1107	606	707	446	521
3	1041	1214	672	784	510	595
3.2	1149	1341	768	896	607	709
3.4	1262	1473	899	1049	781	912
3.6	1443		995	1162	953	1112
3.8			1110	1296	1129	1318
4			1248	1456	1325	1546

5.1.10 模型实验结果转换成原型的结果

1. 依据相似常数,将压力钢管模型应变实验数据转换为原型应变数据得表 5—5。

2. 该二级水电站压力钢管加固补强采用碳纤维加固方式是可行的,不仅可以提高钢材屈服时的内水压力值达 19.4%,而且在钢材屈服以后能够继续承担内水压力,从而保证压力钢管的安全运行。

3. 该二级水电站压力钢管的最不利负荷为:内水压力值为 1.69MPa,故压力钢管的负荷范围为:内水压力=0~1.69MPa,由模型实验值知在该内水压力范围内,碳纤维胶合体承担的内水压力比例为 45.5%,由此推得一层碳纤维胶合体的相当钢材厚度为 1.87mm,而原型压力钢管最大损伤量为 11.6mm,据此计算得该二级水电站压力钢管需粘贴 7 层 L—300 型碳纤维布(全包),锚固长度为 15cm。

5.1.11 实验结论

1. 水电站压力钢管补强采用碳纤维方式能显著提高压力钢管的负荷水平。

2. 水电站压力钢管碳纤维加固补强应采用全包的粘贴方式,且需粘贴包裹 7 层 L—300 型碳纤维布(全包),锚固长度为 15cm。

3. 水电站压力钢管碳纤维加固过程中,结构胶的制作工艺以及碳纤维的粘贴水平对外包碳纤维的钢管的力学性能有较大的影响,因此,施工时应由熟悉碳纤维粘贴工艺的技术人员完成,以保证粘贴质量。

4. 实验验证了该二级水电站明管段的压力钢管碳纤维加固方案,同时,对压力钢管在包裹一层碳纤维情况下的钢材、碳纤维胶合体联合工作的受力机理进行了初步的探索,掌握了一些规律并由此得出相应的结论。

但是由于各种原因,对于不同钢板厚度、不同管径、不同碳纤维层数等各种情况下钢材、碳纤维胶合体联合工作的受力机理未能做进一步的研究,这是今后探索的一个方向。

§5.2 高层建筑结构坍塌破坏的实验研究

本实验是武汉大学土木建筑工程学院工程力学专业学生张作启、何大海、韩芳三位同学在作者的指导下利用模型实验理论和电测法基本原理完成的一个结构动力学综合性的自行设计实验。这个实验是学生结合实际解决实际问题,自己动手的综合性实验的典范,特此推荐。

本实验是对美国世界贸易中心遭受飞机撞击后的坍塌破坏,进行了力学分析和实验研究,得出了世贸大厦双子星大楼整体坍塌破坏的真正原因和破坏机理,并通过有无隔温措施两模型实验的时间比较,说明防火隔温措施在高层建筑的非常灾难中对于争取逃散时间,减少生命财产损失的积极意义。

5.2.1 概述

随着世界人口的增多和经济的发展,人类活动向纵深、高空发展,高层、超高层建筑不断涌现。对于高层建筑来说,钢结构无疑是当今必要的最佳选择,但钢材却有着一个致命的弱点——高温软化。由火灾及其他非常情况带来的高温灾难,可能导致钢结构建筑的整体坍塌破坏,给人民生命财产安全造成重大损失;美国"9.11事件"那惊人的一幕,便是无言的铁证。对高层建筑结构在撞击、高温、动荷等综合因素下的坍塌破坏进行研究,探究其破坏机理,寻求预防措施,对于维护人类优秀文明成果、保障人民生命财产安全有着重要的意义。

本项目以"9.11事件"为背景,以美国世贸大厦双子星大楼为基本原型,进行实验研究,意欲有三:其一,世贸大厦坍塌破坏,原因复杂,涵盖撞击、爆炸、燃烧、动荷等诸多因素,具有一般性、普遍性;其二,世贸大厦的整体坍塌破坏形式特点鲜明,具有代表性;其三,世贸大厦的坍塌破坏,造成了重大人员伤亡和财产损失,国际社会反响强烈,关于坍塌原因社会舆论意见不一。鉴于以上原因,对世贸大厦坍塌破坏的研究将兼而具有重要的社会意义。

由于资金及模型制作工艺水平的限制,本项目的研究只限于定性分析范围内,所附测量数据及图、表,仅为定性分析服务,不宜作为定量分析的依据。

5.2.2 世贸大厦的原型资料及破坏概况

1. 世贸大厦的原型资料

建于1966—1973年的美国纽约世贸大厦中心主楼为姊妹楼,高度为412m,结构为内外筒体系。每栋楼地上均为110层,地下6层,建筑面积为41.8万m^2。标准层平面尺寸为63.5m×63.5m、内筒尺寸为24m×42m,标准层高度为3.66m,内筒至外筒的跨度分别为19.7m及10.7m,建筑的高宽比为6.5。塔楼的抗侧力体系是单一的外筒体系,外筒上的梁柱采用刚性连接,承担全部水平荷载;内外筒的梁与外筒、内筒的连接为铰接,只承担竖向荷载。外筒为密柱深梁的结构,其每一面侧墙上有59根箱型截面柱,尺寸为450mm×450mm,柱距1.02m,裙梁的截面高度1.32m。在一层大堂至12m标高处,为适应建筑使用要求,采用三根柱子合并为一根柱子的方法,使下部柱距扩大为3.06m,柱截面尺寸放大为800mm×800mm。内筒中设置44根箱形截面柱(长边15根,短边9根),只承担竖向荷载。楼面结构主梁间距为2.04m,采用格架式梁,楼板采用组合楼板,用压型钢板作为模板,并在其上浇筑100mm厚的混凝土,每栋楼的总用钢量为7.8万吨,折合建筑面积时的用钢量为186.6kg/m^2。如图5—20、图5—21所示。

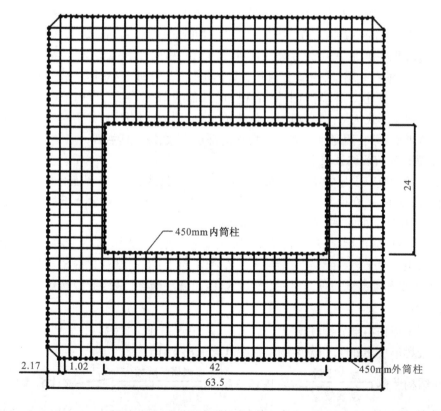

图5—20 标准层结构平面图(单位:m)

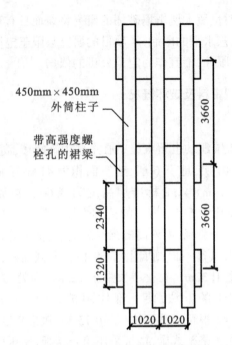

图 5—21 世贸大厦原型外筒梁柱安装单元（单位：mm）

2. 世贸大厦的破坏概况

恐怖分子劫持以撞击大楼的两架飞机分别为：波音 757，起飞质量 104t，载油约 35t；波音 767 起飞质量 156t，载油约 51t。它们的飞行速度为 1 000km/h。波音 757 飞机于美国时间 8：45 撞击北塔楼，撞击位置在竖向约第 90 层处，横向在大厦中部，北塔楼于 10：28 坍塌，坍塌形式为垂直坐塌，从遭撞击到开始整体坍塌，共历时 1 小时 43 分；波音 767 飞机于美国时间 9：30 撞击南塔楼，撞击位置在竖向偏低约第 72 层处，横向偏向一角，南塔楼于 9：50 坍塌，坍塌形式为侧向倾斜坍塌，从遭撞击到开始整体坍塌，共历时 20 分。从电视画面上可以清晰地看到，两座摩天大楼在坍塌前都被大火、浓烟所吞没。

3. 世贸大厦的破坏机理初探

关于世贸大厦双子星大楼坍塌破坏的机理和科学模式，社会各界有分析推理，也有大胆猜测，论述角度不一、众说纷纭。作为力学专业的学生，作者从力学分析的角度，认为北塔楼、南塔楼坍塌破坏的机理，应分别解释如下：

北塔楼：飞机撞击后，仍然保持了结构的对称性，偏心因素影响小，结构主体受力状态以轴心受压为主。由于燃料燃烧的高温作用，被撞击层上、下钢材软化退出工作，上部结构下坠，巨大的重量和动载效应使下部结构不堪重压而逐层破坏，最终导致整体坍塌，其具体模式如下：

飞机撞击损伤→部分钢柱退出工作
燃料爆燃形成 2000℃ 的温度场→钢柱软化退出工作 ⎫⎬⎭

上部结构坠落 ═══巨大重量/动载效应═══▶ 压坏下层 ═══多米诺骨牌效应═══▶ 整体坍塌

南塔楼：飞机撞击后，形成了明显的结构偏心，偏心结构在撞击、上部坠落等因素引起的振动作用下不可避免地发生扭转变形,结构主体处于压、弯、扭复杂的受力状态,同样在燃料燃烧的高温作用下,被撞击层上、下钢材软化退出工作,上部结构倾斜下坠,比北楼更加巨大的重量及动载效应,拖曳下部结构,使下部结构在复杂受力状态下导致破坏,导致整体快速倾斜坍塌,其具体模式如下:

飞机撞击损伤 → 结构偏心部分钢柱退出工作
燃料爆燃形成2000℃的温度场 → 钢柱软化退出工作

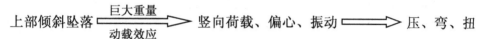

上部倾斜坠落 —巨大重量/动载效应→ 竖向荷载、偏心、振动 ⇒ 压、弯、扭

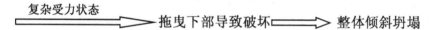

复杂受力状态 ⇒ 拖曳下部导致破坏 ⇒ 整体倾斜坍塌

5.2.3 模型坍塌破坏实验

1. 实验设计

(1)实验内容

通过模型实验,分析研究高层建筑结构在撞击,高温及动荷载综合作用下坍塌破坏的机理;通过对比实验,分析研究防火隔温措施,对于高层建筑结构在非常灾难中,为争取逃散时间,减少人员伤亡具有积极意义。

(2)材料选择

材料选择的依据如表5—6、图5—22所示。

表5—6　　　　　　　钢材及有机玻璃的力学性能比较

性能 材料	密度/(g/cm³)	抗拉强度/MPa	弹性模量/MPa	泊松比
钢材	7.8	310	200×10³	0.27
有机玻璃	1.18~1.2	50~60	2.6~3.2×10³	0.34~0.37

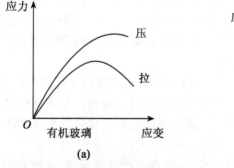
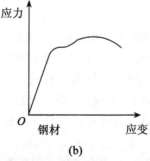

图5—22　钢材及有机玻璃的应力—应变关系曲线

通过上述比较可知两种材料的泊松比相差不大,应力—应变关系曲线形状相似,且均具有高温软化的性质。另外,有机玻璃具有透明度好、制作缺陷易于发现、强度高、弹模低、容易加工制作、软化温度低、便于实现等优点,考虑现有的实验条件,选择有机玻璃为模型材料也是合理必要的选择。

至于防火隔温材料,选用常见的石棉材料。

(3) 相似关系

根据实验条件和强度模型相似条件,相似关系如下:

泊松比:$C_U = 1$ (两者相差不大,近似相等);

弹性模量:$C_E = E_{钢}/E_{有机玻璃} = 200 \times 10^3/2.52 \times 10^3 = 79.37$,($E_{有机玻璃}$因其随温度的变化较大,所以采用值为现场单向拉伸实验测得,现场温度为24℃);

几何尺寸:$C_l = 250$。

由以上基本相似常数,换算出主要物理量的相似关系:

容重:$C_r = C_E/C_l = 79.37/250 = 0.32$ (采用人工质量法补偿模型材料的容重不足);

应力:$C_\sigma = 79.37$;

时间:$C_t = 15.81$。

说明:除自重外不再考虑其他的荷载。

(4) 模型制作

世贸大厦为筒中筒结构,整个结构模型由36根柱(内筒12根,外筒24根)、11块板("回"字形,由四块板拼接而成)、88根梁(包括主、次梁)组成,且底层柱与上层柱完成变截面过渡,整体模型固定在模型底座上。

模型底座为650mm×650mm×10mm的有机玻璃板。制作模型时先将一侧外柱固定在水平台上,然后用502胶将楼板定点粘贴,接着旋转90°由内向外粘贴柱子、粘贴梁。如此循环操作,直至内、外筒体完全架立起来,然后将整个筒体底部粘在底板上,最后整体用三氯甲烷溶剂加固粘贴,使构件成为一个整体。

成形后的世贸大厦结构模型高为1.65m,共11层,每层高15cm,底层面积分别为外筒254mm×254mm和内筒168mm×96mm,底层柱为36根长15cm,横截面积为10mm×10mm的有机玻璃柱,以上10层为36根长150cm,横截面积为5mm×5mm的通长柱。如图5—23~图5—27所示。

(5) 各项破坏因素的模拟

荷载布置:根据人工质量法,算得每层需添加质量10kg。为保证所添加质量的均匀分布,本实验用铁砂作为加载材料,质量均匀分布在楼板上。由于层间净空的限制(高仅为15cm),每层仅能加载6.8kg。本实验将另一部分质量48.8kg加在顶层楼板上,兼以补偿坠落净空的减小和铁砂对冲击能量的吸收作用。

撞击损伤的模拟:根据资料的显示,飞机撞击对世贸大厦的主体结构产生了严重的损伤。本实验采用预设虚柱,即先锯断八根柱子以模拟撞击损伤。考虑到模型制作、荷载分布、加热控制这三方面不可避免的偏心因素,预设虚柱采取了对称布置的原则,详见图5—25中标识。

温度场的模拟:综合考虑了仪器测量所需时间及可行性等因素,在比较浸油棉絮燃烧、电炉丝缠绕加热、碘钨灯定距加热三种方案后,最后选择了碘钨灯定距加热作为实验方案。

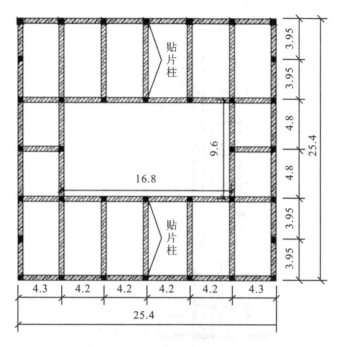

图 5—23　模型标准层面平面图 1∶1（单位：cm）

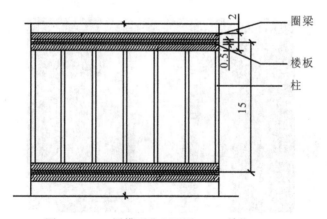

图 5—24　一层模型北立面图 1∶1（单位：cm）

采用四个额定功率为"200V、500W"的碘钨灯以 10cm 的距离同时对第九层从四面加热。由于碘钨灯的温度场不易定量测定，仅依靠功率及距离的控制无疑是相当粗略的"非常方法"。

另外，隔热措施采用简单易行的石棉直接包覆法。将石棉以条状包裹在受热柱上以达到隔温延时的目的。

2. 实验方法

（1）实验原理

采用应变电测法的基本原理，即将非电信号（应变）转化成电信号加以量测，在每座结

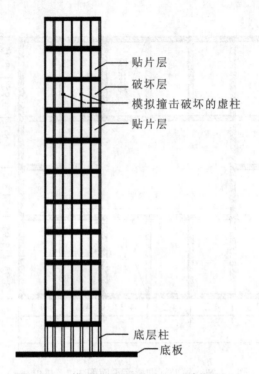

图5—25 模型东立面图 1:250（单位:cm）

图5—26 模型1实验前的照片

构的关键部位布置若干测点,通过动态应变仪和专门的数据采集分析软件,以每秒340测次的频率测得各测点在破坏过程中的应变曲线,为破坏机理的分析提供依据。

(2) 实验仪器

测试仪器——将安装在模型上的电阻应变计反应的振动信号进行测量放大,主要包括动态电阻应变仪。

数据采集器——将测量仪器检测的振动模拟信号进行采集,并转化为数字信号供给计算机进行处理计算。

数据分析系统——将数据采集器提供的信号通过计算机及振动信号分析软件系统或专

图 5—27 模型 2 实验前的照片

用数据分析仪进行处理计算。

其中,动态电阻应变仪型号为 DPM—8H,数据采集与分析系统为陈安元老师设计的工程振动测试软件。

仪器设备布置及测量流程如下:

电阻应变计(与结构协同变形)→测量线路→动态电阻应变仪→计算机(数据采集与分析系统)。

(3)测点布置及温度补偿

根据破坏机理分析和现有实验条件,本实验每座模型布置 8 个测点,分居于破坏层的上、下两层(分别为第 8 层和第 10 层),详细位置见图 5—25。

电阻应变计对温度十分敏感,为了消除由于温度产生的虚应变,另外制作 8 个不受外力的温度补偿片,采用半桥对点补偿的接桥方法。并在电阻应变计上套以厚的、反光性较好的白纸筒,以隔离碘钨灯的照射。由于与电阻应变计串联的导线较短(10m 以内),其电阻相对于应变计电阻很小,故可以忽略电容的影响。

3. 实验现象

模型 1:加热到 240s,模型受热层北侧面柱开始发生明显的软化弯曲,呈"S"形,其他侧面柱子随着温度的升高也相继出现明显的软化变形。300s 时,上部结构开始慢慢向北倾斜,随后迅速塌落,塌落方向北偏东约 15°。由于上部附加质量未加固定,荷载迅速脱离结构,上部结构倾斜至 30°左右亦停止倾斜。整个过程历时 355s。观察破坏层柱,有严重的压弯、扭曲变形,在柱与楼板粘结处由于应力集中有剪断现象。

模型 2:吸取模型 1 的教训,这次将上部荷载用铁丝固定在顶层楼板上。由于包裹石棉,加热至 400s 时,才可以看到柱子的软化弯曲变形,仍然是北侧面柱子变形较严重。随后,上部结构发生向北倾斜。猛坠的瞬间,结构有明显的北偏东方向的扭转,继而模型如多米诺骨牌般轰然倒地,倒地方向约北偏东30°,各楼层柱都遭破坏,瞬间只留下一堆残骸。整个过程历时460.27s。观察破坏断面,多发生在柱与楼板的粘结处,有平齐断口,也有约45°的斜断口。在随机抽取的50根断柱中,平齐断口的柱子有10根,45°的斜向断口的柱子有40根,显然,大部分的柱子是被剪断。详见图5—28与图5—29。

 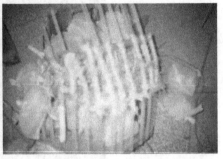

图5—28 实验正在进行的照片　　　　图5—29 模型2倒塌后的照片

4. 实验数据及图表

实验数据及图表如图5—30~图5—33所示。

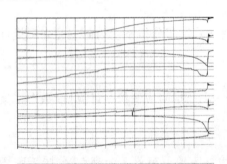 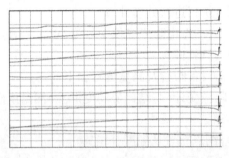

图5—30 模型1的应变随时间的变化曲线　　图5—31 模型2的应变随时间的变化曲线

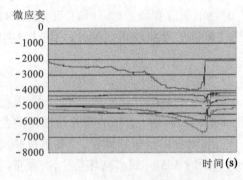 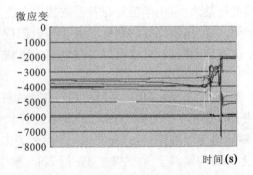

图5—32 模型1破坏瞬间的应变　　　　图5—33 模型2破坏瞬间的应变

5. 成果分析

(1)单纯的飞机撞击不能导致世贸大厦整体的坍塌破坏。实验模型1和实验模型2在预设损伤后,结构仍能承受原有荷载,且可以经受一定的侧向力,而不发生破坏,这与世贸大厦原形在遭受飞机撞击后并未立即坍塌的实际情况是一致的,排除了"飞机撞击导致坍塌"的猜想。

(2)单纯的高温软化而没有上部的巨大重量和动载效应,亦不能导致结构的坍塌破坏。单纯的高温软化只能导致上部结构的坠毁,而不会波及下部结构的破坏,本实验模型1刚好可以说明这一点。

(3)高温软化是关键诱因,上部的巨大重量和动载效应是直接原因,两者结合,导致了世贸大厦的整体坍塌;本实验模型2的结果可以说明。

(4)从受力状态分析,与本实验模型破坏形式相近的是世贸大厦南塔楼的破坏,同样是在弯扭共同作用下的剪切破坏,这从实验的现象及破坏断口形状可窥见一斑。

(5)包裹石棉的模型2共历时460s,而未加隔热措施的模型1共历时355s,延长时间105s,约30%。本实验的隔温措施相当简陋,在实际工程中可以加以改进,其积极意义是相当可观的。

5.2.4 结论

根据实验结果和分析,有以下几点结论:

(1)世贸大厦整体坍塌破坏不是因为单纯的飞机撞击,也不是因为单纯的高温软化,而是高温软化这一关键诱因和上部巨大重量与动载效应这一直接原因共同作用的结果。

(2)从受力状态分析,世贸大厦南塔楼的破坏,是在弯扭共同作用下的剪切破坏。

(3)防火隔温措施可以有效地延迟结构坍塌的时间,这对于争取逃散时间、减少生命财产的损失有着重要的意义。

(4)本实验成功地模拟了世贸大厦南塔楼的破坏形式,观察分析了其破坏机理,基本验证了前文"破坏机理初探"的推理。但由于资金有限,模拟加工制作自己动手,工艺水平不高,各种破坏因素的模拟,"精确则不可行,可行的则相当粗略",不可避免造成偏心影响,因而对于北塔楼的破坏模拟和机理验证还不深刻,留作今后努力的一个方向。

注:本结论得到英国《新科学家》周刊在2003.2.8刊登邓肯·格雷厄姆—罗撰写的《质疑大楼倒塌理论》一文的证实。

§5.3 某钢厂烧结分厂筛粉楼的振动测试研究

本实验是武汉大学土木建筑工程学院工程力学系为某钢厂烧结分厂筛粉楼作现场振动测试的实验。这是该系应用力学教研室张宏志等老师在作者指导下利用结构动力学实验知识结合工程实际解决生产中出现的问题,为社会服务的实验研究的例子,在此推荐给读者。

5.3.1 概述

某钢厂烧结分厂筛粉楼,楼高十多米,分四层,在楼层上分别布置三台振动筛,一次冷筛180t/h,二次冷筛130t/h,承担全钢厂铁矿砂的筛粉工作,该筛粉楼是全钢厂的咽喉部位,工作繁忙,任务重要。该厂在1993年7月投产使用,运行正常,5年后进行一次检修,检修后不久在11m平台出现严重振动,进而厂房中东西向有一根主梁、南北向有两根主梁多处有裂纹。此后更换了一次冷筛,并对有问题的梁采用金属构件作简单加固,振动大为减轻;但半年后,又在6.3m平台上的二次冷筛平台出现剧烈振动。并发现厂房框架的梁柱系统有11处出现较大裂纹,经过更换振动筛的橡胶棒、弹簧组,并用金属构件加固主梁等一系列措施,严重的振动依然存在,在此情况下,作者所属教研室受某冶金安全环保研究院委托,到现场对厂房结构和振动筛进行振动测试实验研究,并依据测试分析结果提出相应的减振方案。

5.3.2 实验目的

(1) 测试厂房结构中主要板梁系统的自振频率(ω_n);
(2) 测试振动筛在运行时的额定振动工作频率(ω)及其相应的振幅(A);
(3) 测试振动筛的振动对厂房结构构件的振动影响;
(4) 根据检测结果,提出对厂房加固和减振方案。

5.3.3 实验内容

根据实验目的,将驱动电机、振动筛、基座、原板梁结构及加固的结构作为关联的振动系统,并把较强烈的 2# 振动筛所在的东侧厂房作为主要的测试实验对象,确定本次实验的主要内容如下:
(1) 分别测试三台振动筛驱动电机的转速;
(2) 分别测试三台振动筛筛框竖直方向、水平方向的振动响应;
(3) 分别测试三台振动筛筛座竖直方向的振动响应;
(4) 测试 2# 筛所在的 ▽6.3~▽9.0m 平台的板梁系统的振动响应;
(5) 测试 2# 筛所在的东侧厂房主要板梁体系构件的自振频率。

5.3.4 实验原理与方法

测试厂房的自振频率的方法很多,为了便于对比分析,求得较精确的结果,本实验同时采用脉动法与锤击法两种方法进行测试。

脉动法是利用振动筛突然停机所产生的频率十分丰富的脉动,厂房结构对脉动激励的响应相当于滤波器的作用,对于与自振频率相同或相近的振动信号予以放大,而对其他频率成分的振动信号将会削弱或滤掉,用灵敏度较高的传感器布置在板梁系统结构上,测出厂房的脉动响应信号,通过计算机对脉动信号的计算处理与分析,就可以得到结构的自振频率。锤击法是用重磅锤锤击板梁结构的主梁,使结构产生自由振动,利用传感器与测试系统所测的结构的自由振动时程曲线,通过计算机的分析与处理,也可以得到结构的自振频率。

振动筛激振引起的厂房强迫振动响应,用一般的低频传感器与位移传感器均能很方便地得到测试结果,这里不再详述。

5.3.5 实验仪器与装置系统方框图

本实验采用的仪器与装置系统方框图如图 5—34 所示。

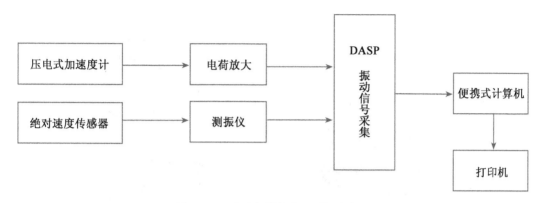

图 5—34　实验仪器与装置系统方框图

5.3.6　测点布置与测试方法

1. 测点的布置

根据实验目的与内容,在分析厂房结构受力与振动传递性态的基础上,考虑到三台振动筛是整个厂房结构振动的微振源,厂房框架板梁结构系统特点与现场实际情况,选取能反映板梁系统结构振动的若干测点,决定:(1)在三台振动筛的筛框与筛座上布置若干测点,布点编号,位置与方向如图 5—35 所示;(2)在▽6.3～▽9.0m 平台间的支承板梁与加固结构上,布置若干测点,具体布点编号、位置与方向如图 5—36 与图 5—37 所示。有些布置在柱子和其他地方,因而在平面图上没有标出。在全部实验中共布置测点 31 个。

2. 测试方法

(1) 厂房板梁结构系统自振频率测试

本实验用脉动法及锤击法两种方法测试。

脉动法是分别对三台振动筛单独开机后停机,在停机开始即用▽6.3m 平台和▽9.0m 平台上各板梁布点(1、2、3、4、5、6、7、9、10、11、12、27、28、29、30、31)的传感器采集其自由衰减振动信号。

锤击法是分别在▽6.3m 平台和▽9.0m 平台某一板梁处用重磅锤锤击,也是通过▽6.3m 平台和▽9.0m 平台上各板梁布点(1、2、3、4、5、6、7、9、10、11、12、27、28、29、30、31)的传感器采集其冲击振动信号。

上述两种方法所得的信号通过测试系统放大、记录、储存与分析,便得到厂房结构各板梁系统的自振频率。

(2) 厂房结构强迫振动响应测试

三台振动筛一起、两两组合与单独正常运行时,通过布置在 $1^\#$、$2^\#$、$3^\#$ 振动筛上的测点($20x$、$20y$、$24x$、$24y$、$16x$、$16y$)的传感器采集强迫振动振源的信号以及通过测点(13、14、15、17、18、19、21、22、23、25)和布置在▽6.3m 平台、▽9.0m 平台上各板梁系统测点(1、2、3、4、5、6、7、9、10、11、12、27、28、29、30、31)的传感器采集其强迫振动响应信号。进行分析处理便得到厂房结构强迫振动响应的结果。

上述实验,在重要的测点部位,在同样测试情况下,都需要经过三次重复采样,以便得到较好的测试结果。

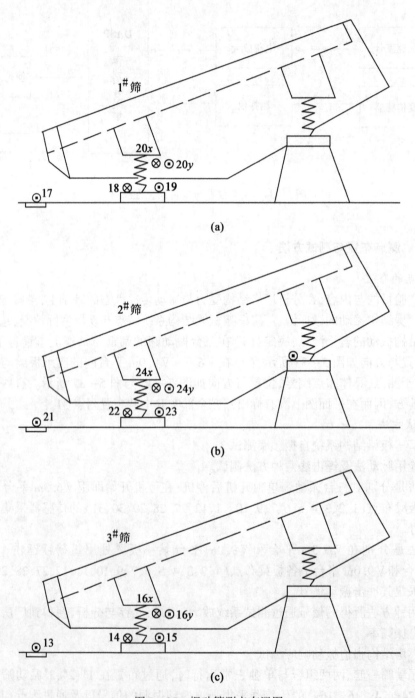

图 5—35 振动筛测点布置图

第 5 章 工程实例与自选设计实验

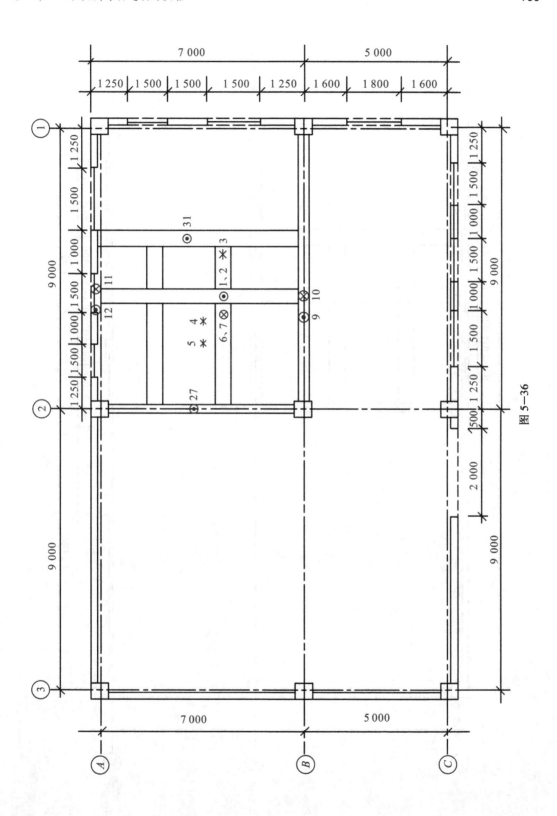

图 5-36

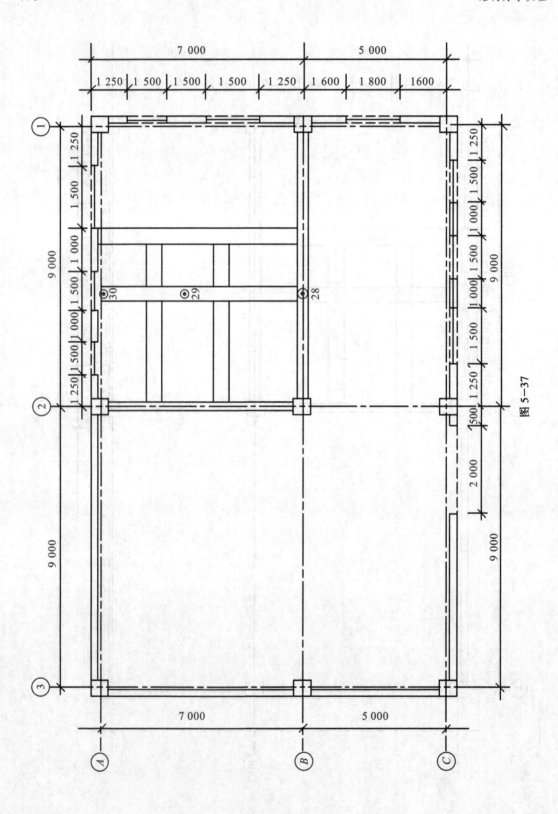

图 5-37

5.3.7 实验结果与综合分析

1. 实验结果

本实验共布置 31 个测点,采集数据文件 108 个。通过对原始数据的分析,数据的稳定性、规律性都很好,大多数测试数据合理可信,能反映厂房结构的振动传递及响应的基本特征,部分测试结果如图 5—38~图 5—42 所示。实验结果如下:

(1) 利用脉动法和锤击法测得 2# 振动筛的厂房东侧板梁结构系统的自振频率为 10~15Hz。与振动筛的工作振动频率较为接近,所以厂房振动剧烈。

(2) 三台振动筛的工作振动频率基本相同,均为 12.45Hz 左右,约合电动机转速 746 r/min,表明三台驱动电机的转速基本相同。从记录波形看,三台振动筛及筛座安装、运行都比较正常。2# 振动筛的振幅略大,其筛框振幅为 8.5mm,是 1#、3# 振动筛振幅的 1.2 倍左右。

(3) 厂房结构强迫振动响应最强烈的位置在 2# 振动筛东侧厂房的 ▽9.0m 平台和 ▽6.3m 平台的北侧主梁上,其最大位移为 0.3mm,自振频率为 12.45Hz。

(4) 在 ▽9.0m 平台和 ▽6.3m 平台的南侧主梁的位移为 0.28mm,在 1 测点处为 0.26mm,5 测点与 7 测点处分别为 0.06mm、0.05mm,21 测点和 17 测点处分别为 0.20mm、0.03mm。其振动频率也为 12.45Hz。

(5) 2# 筛平台的振动响应主要是由 2# 振动筛激励的结果,与 1#、3# 振动筛的运行或开、停的关系不大。

2. 综合分析

根据测试结果,作如下分析:

(1) 厂房结构的自振频率与振动筛的工作频率比较接近,使厂房筛分楼几乎处于共振状态下工作,这为厂房结构产生较大振动响应埋下隐患。此前,没有对厂房进行过测试,筛分楼何时存在这种共振状态是不清楚的。估计有两种可能:一种是厂房建成运行后,就存在共振状态,由于结构较牢固、刚度较大、共振峰值位移不明显,后来因长期处于这种状态工作,梁系疲劳、构件内部材料松散、约束变化等,引起共振峰值位移增大,才被发现。但是,这样的大型企业,其厂房结构在设计时一般都考虑其隔振与防震问题,且在建成后、运行前一定要做动力检测和验证,避免发生共振,因此,这种可能性非常小。另一种可能是建成后,厂房结构的自振频率并不接近振动筛的工作频率,运行几年后,随着振动时间的积累,厂房结构的板梁系统疲劳、构件内部松散、机械磨损、支座约束变化或原隔振、防震设施被破坏等各部分约束发生变化等诸多因素影响下,其自振频率便接近振动筛的工作频率,渐渐出现共振状态,结构的共振峰值位移逐渐增大,使梁系出现裂缝。加之 11m 平台是处于厂房结构的上部,支承梁系的刚度较下部梁系较弱,所以 1# 筛平台最先出现强烈振动,并发现梁上有裂纹,这与厂房结构动力学特征相吻合,因此这种可能性较大。厂方发现梁系裂纹后,进行过加固处理,由于没有"对症下药",加固措施不得力,造成有些地方振动减轻,有些地方振动加剧。

(2) 1#、3# 振动筛西侧厂房的梁柱系统加固处理较好,用上、下贯通的钢立柱,将振源传入基础,在立柱与梁之间设置紧钢箍,提高了板梁系统的静、动刚度,减少了梁结构强迫振动响应的位移幅值。

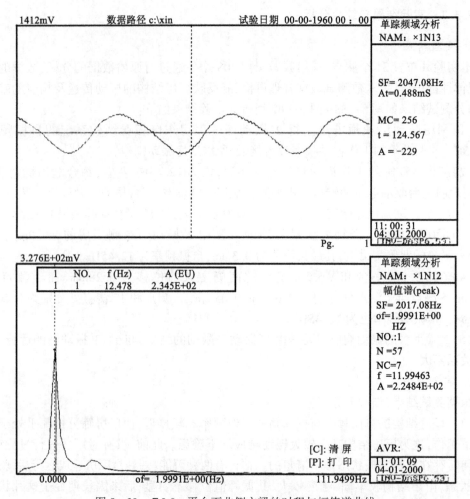

图 5—38 ▽9.0m 平台下北侧主梁的时程与幅值谱曲线

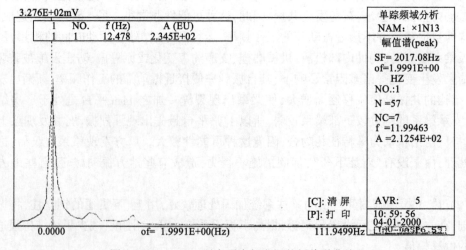

图 5—39 ▽9.0m 平台下南侧主梁的幅值谱曲线

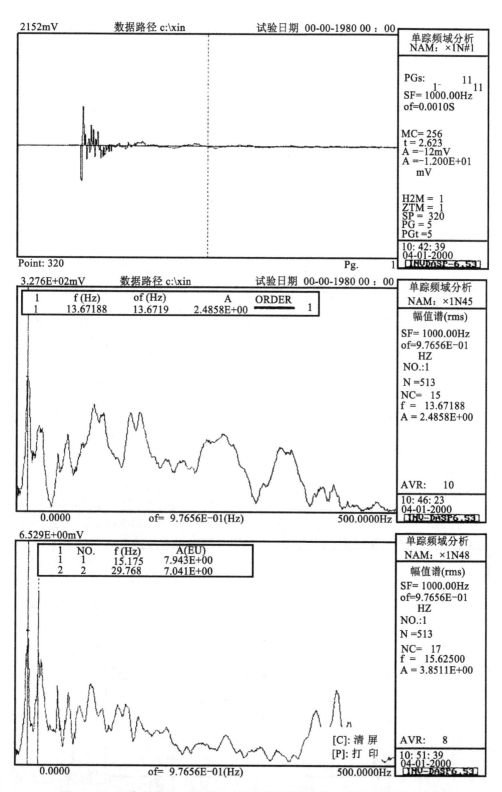

图 5—40　锤击实验时、5 测点的时程与幅值谱曲线及 31 测点的幅值谱曲线

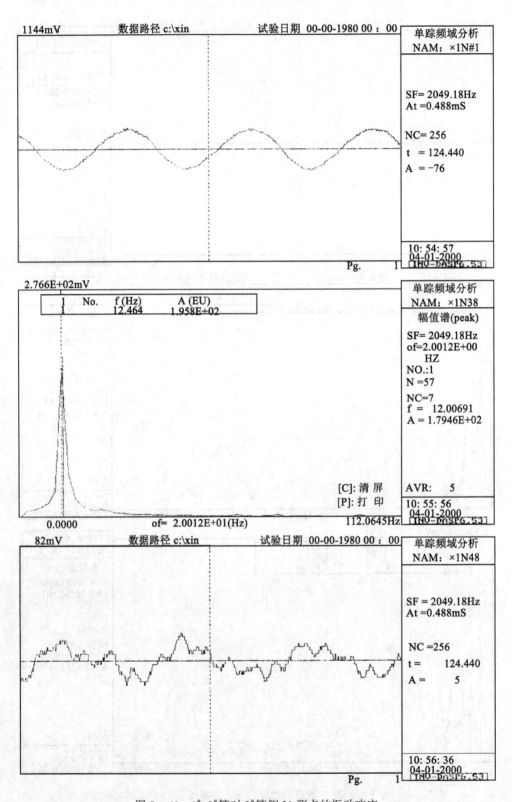

图 5—41　1#、3#筛对 2#筛侧 21 测点的振动响应

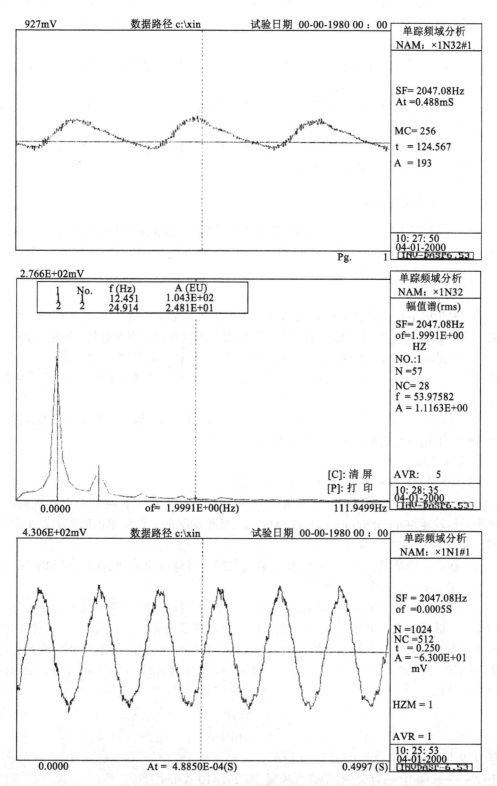

图 5—42　21 测点时程与谱曲线图 7 测点时程曲线

（3）2#振动筛东侧南北主梁跨度为9m,其柔性较大,其他次梁又重叠其上,因而其振动响应特别强烈,尽管▽9.0m平台南、北两根主梁尚未发现明显裂纹,但在本次测试中其最大振动位移达0.3mm。

（4）2#振动筛的导料漏斗,梁端紧挂在上、下平台,中间用法兰连接,使振动向下传递较强,下平台的梁截面又较小,导致该处梁的裂纹最多。

（5）2#振动筛东侧厂房的加固处理不妥,存在的问题是:①支撑式加固可以增加梁的静刚度,但对梁的动刚度贡献不大。改进的办法是在梁与加固柱之间设置固结式连接,以能同时抵抗上、下弯曲变形;②立柱应上、下贯通,将振源引入基础;③应在南北向主梁的跨中增设立柱,以增加梁系刚度,减小振动响应。

5.3.8 加固与减振建议

通过上述测试分析可知,支承振动筛的厂房框架结构中的板梁系统长期处于共振或接近共振状态中工作,以致有部分梁系结构件出现了疲劳开裂,因而厂房结构必须尽快进行加固处理,然后采取相应的措施,确保厂房安全运行。

1. 加固处理

（1）原来的某些加固设施不妥,如振动筛下面的加固梁的整体性不好,加固的支承柱与原梁的结合也不大好,对提高板梁系统的整体刚度和强度均没有多大好处,应重新加固。

（2）2#振动筛下面所有的南、北主梁(东西向、北主梁在墙中)跨度大,受力大,振动也比较强烈($A_{max}=0.3$mm),必须注意加固。办法是增设立柱或在梁上粘贴钢板,提高梁的承载能力。

（3）加固时,注意新、老结构的结合,形成一体,共同作用。例如加固柱与梁的连接一定要达到刚性固结,新、老梁系一定要紧密粘结形成一体等。

2. 减振措施

为避免厂房结构的板梁体系发生共振,措施有三:

（1）在保证振动筛能正常工作的条件下,可以降低或提高2#振动筛的电动机的转速,如使其工作转速为$n<400$r/min或$n>1000$r/min;使振动筛的工作频率远离板梁系统的自振频率。

（2）在振动筛基座下面与支承的板梁系统之间放置橡胶块或弹簧圈之类的隔振装置,以减少板梁系统的强迫振动幅度。

（3）如果振动筛的工作频率不能做太大的调整,则可以在振动筛的四个支座上分别安放如图5—43所示的动力减振器,该减振器由一钢制圆截面弹性杆和两个安装在杆的两端的重块m组成。杆的中部固定在振动时支座上,重块重P,重块重心到杆中点的距离L可以用螺杆调节。振动筛的工作频率约为$f=12.5$Hz(1/s),其工作圆频率为$\omega=25\pi$(rad/s),则可以依据公式

$$L=\sqrt[3]{\frac{3ED^4g}{4\times10^4 P\pi}}$$

计算D、P与L,其计算结果如表5—7所示。

式中:E——圆杆钢(强合金钢)的弹性模量,取2.1×10^7N/cm^2;

D——圆杆钢的直径(cm);

g——重力加速度,取 $g=980 \text{cm/s}^2$;
P——减振器重块的重量(N)(1N=0.1kg);
L——如图 5—43 所示圆杆中点到质量块重心距离(cm)。

表 5—7

D/cm	2							2.5						
P/N	100	150	200	250	300	350	400	100	150	200	250	300	350	400
L/cm	43	38	34	32	30	28	27	58	51	46	43	40	38	36.5

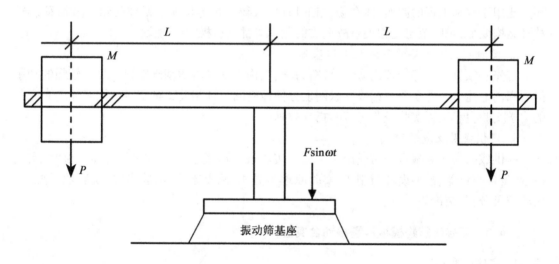

图 5—43 动力减振器示意图

注意:

(1) 这里的计算没有考虑圆钢杆的质量和减振器的阻尼比,所以上述计算结果是近似值。在安装重块时,对其位置要作微调,为便于调整可以在杆两端用螺纹与重块连接。

(2) 从原理上讲,该方法的减振效果与减振器的质量块的大小关系不大,但由于系统自由度改变等原因,减振器的质量块的质量不能过小,以便更多地吸收振动筛传给厂房结构的振动能量,以免产生新的共振。

(3) 表 5—7 中提供了两种直径、14 种参数组合的减振器,供厂家依制造、施工、安装等具体情况不同选用,但质量块的质量应尽可能大些为好,最好能做一些实验,得到较优组合的减振器。

§5.4 综合性实验的课题推荐

5.4.1 斜拉桥某拉索失效后荷载转移和结构变形实验研究

1. 实验研究内容

斜拉桥于 20 世纪 90 年代后期在国内外都得到了迅猛发展,斜拉桥的特点是桥墩数量少,拉索轴力大,桥的主跨距大等。若在意外因素作用下,如拉索疲劳断裂、外力冲击断裂、材料蠕变松动等,则斜拉桥的荷载必然会发生转移而重新分配到其他拉索上,相应会使桥梁结构产生新的变形。因此本项目要研究三个问题:

(1) 哪根拉索断裂最危险;
(2) 拉索断裂后的结构内力和变形的变化规律;
(3) 内力变化后的可视性处理。

2. 实验研究的意义

随着国民经济的发展,我国斜拉桥技术应用越来越广,该技术不仅用于作跨河建筑物,还广泛用于水利工程的渡槽、体育场、馆的顶棚、人行天桥等场所。研究拉索失效后荷载转移和结构变形,对防范与之相关事故造成的危害等都具有极大的意义。

3. 实验研究须具备的条件及工作基础

首先必须具有较好的理论力学、材料力学、结构力学等力学基础知识。具有较强的动手能力和创造能力。能在图书馆或互联网上方便地查阅各种相关文献资料。同时还要有完备的力学实验室和工程实验经验丰富的指导教师。

4. 提供成果及成果形式

提供成果为实验报告一份或论文一篇。实验报告形式包括:实验概况、实验目的、实验内容、设备与仪器、模型设计与制作、实验原理与方法、测点布置、实验步骤、实验数据处理、实验结果分析、结论等。

5.4.2 高层建筑物模拟地震振动台实验

1. 实验研究内容

武汉大学土木建筑工程学院工程结构振动实验室在 20 世纪 80 年代末从国外引进了一台 EVH—50—60—10 型电液式振动台,该振动台可以输入正弦波进行连续扫描,通过共振实验,求得模型的自振频率和相应的各阶主振型等动力特性。同时还可以在振动台上进行地震模拟动力响应实验。如在振动台上再现各种形式的地震波;亦可以模拟若干次地震现象的初震、主震以及余震的全过程;还可以按照人们的要求,借助于人工地震波的研究和输入,模拟在任何场地上的地面运动特性等。从而可以实现实验的多波输入分析,直观了解和认识地震对结构产生的破坏现象,或进行结构的随机振动分析。因此在振动台上进行结构动力实验的主要内容有:

(1) 结构模型的自振频率及相应的主振型;
(2) 结构模型的结构阻尼比;
(3) 结构模型的实验现象——破坏过程、破坏形式及部位;

（4）结构模型的动力放大系数；
（5）结构模型的加速度响应；
（6）结构模型的位移响应；
（7）结构模型的应变响应。

2. 实验研究须具备的条件和工作基础

实验研究须具备的条件和工作基础与前一实验相同。

3. 提供成果和成果形式

成果提供和成果形式与前一实验相同。

5.4.3 其他实验

1. 刚架的模型实验；
2. 刚架的动应力实验；
3. 闸门的阻尼实验；
4. 三铰拱的稳定实验；
5. 桁架的整体稳定实验；
6. 加速度计的校准实验；
7. 空间桁架(网架)结构的模拟静力实验；
8. 双圆盘转子的动力特征实验；
9. 结构的减振实验；
10. 结构的动力参数设计实验；
11. 结构的优化设计实验。

第6章 结构力学实验误差分析和数据处理

结构力学实验是借助于各种仪器、设备,采用不同的实验方法对各种测试对象的力、位移、应力、应变、振动频率、阻尼等物理量进行量测。由于所使用的仪器、设备的精度限制,测试方法不够完善,环境条件的影响和实验人员素质的制约,因此所测的物理量不可避免地存在误差。但是,如果对所测数据进行合理的分析和正确的处理,就可以减少误差,并得到较好的反映客观存在的物理量。

§6.1 误差的基本概念及其分析

6.1.1 误差的基本概念

实验中的误差,是指某个物理量的测量值与其客观值存在的真值的差值。

1. 误差与偏差

误差可以用绝对误差与相对误差来表示。如果用 x 表示测量值,x_0 表示真值,则:

(1) 绝对误差为

$$\Delta = | x - x_0 | \tag{6—1}$$

(2) 相对误差为

$$\delta = \frac{\Delta}{x_0} \times 100\% = \frac{| x - x_0 |}{x_0} \times 100\% \tag{6—2}$$

(3) 偏差

偏差又称残差或剩余误差。实验中的偏差,是指各次实验测定值及其算术平均值之差值。偏差亦可以用绝对偏差和相对偏差来表示。如用 x_i 表示每次测定值,$\bar{x}$ 表示其算术平均值,则每次的绝对偏差 $\bar{V}_i$ 为

$$\bar{V}_i = x_i - \bar{x} \quad \text{或} \quad \bar{V}_1 = x_1 - \bar{x} \cdots \bar{V}_n = x_n - \bar{x} \tag{6—3}$$

又

$$\sum x_i - n\bar{x} = \sum \bar{V}_i = 0. \tag{6—4}$$

可以用式(6—4)校核,检验平均值计算的正确性。

(4) 相对偏差 v_i 可以表示为

$$v_i = \frac{\bar{V}_i}{\bar{x}} \times 100\% = \frac{| x_i - \bar{x} |}{\bar{x}} \times 100\% \tag{6—5}$$

偏差与误差两者的统计特性相同,一般可以不作区分,统用误差来表示。

2. 真值与标准差

一般来说真值是未知的,真值可以分为理论真值(计算)、相对真值或约定真值和多次

测量值的算术平均值,即经过多次测试之后,可以找到一个类似于真值的真值。如在实验中测量 n 次,x_i 为第 i 次测量值,$\bar{x}$ 为 n 次测量的算术平均值,即

$$\bar{x} = \frac{1}{n}\sum_{i=1}^{n} x_i \tag{6—6}$$

若测量的次数相对多时(10~20次),所得的 $\bar{x}$ 将是最可信赖的值,可以定义其为被测对象的真值。或根据误差理论,采用偏差 $\bar{V}_i$ 的平方根误差来表示上述算术平均值的绝对误差,即

$$\Delta_{\text{平方}} = \sqrt{\frac{\sum_{i=1}^{n}(x_i-\bar{x})^2}{n(n-1)}} = \sqrt{\frac{\sum_{i=1}^{n}\bar{V}_i^2}{n(n-1)}} \tag{6—7}$$

由概率论知识知,被测对象的真值又可以表示成

$$x_0 = \bar{x} \pm e\Delta_{\text{平方}} \tag{6—8}$$

式中 e 是由概率论知识确定的系数。式(6—8)给出了真值的范围。

平方根误差又称为标准差。

对于某一次试验所得样本数据而言,采用样本方差

$$S^2 = \frac{1}{n-1}\sum(x_i-\bar{x}) = \frac{1}{n-1}\left[\sum_{i=1}^{n}x_i^2 - n\bar{x}^2\right]$$

的正平方根作为数据样本标准差,即

$$S = \Delta = \sqrt{\frac{\sum_{i=1}^{n}(x_i-\bar{x}_i)^2}{n-1}} = \sqrt{\frac{\sum_{i=1}^{n}x_i^2 - n\bar{x}^2}{n-1}} \tag{6—9}$$

由数据样本的正态分布曲线可知,样本标准差 S 愈小,则其测试精度愈高。

3. 误差的分类

误差按其性质和产生的原因可以分为系统误差、过失误差和偶然误差。

(1) 系统误差

系统误差是指某些固定不变的、未发觉或未确定的因素引起的误差。这些因素的影响结果永远有固定的偏向、大小及符号,且在同一实验完全相同。这种误差产生的原因大多是:①仪器有问题,如刻度不准,灵敏系数键钮位置偏大等;②环境因素改变,如外界温度、湿度和压力变化等;③个人习惯不正常,如读数常偏高或偏低等。这些问题可以通过对测量值进行修正的办法予以校正和消除。

(2) 过失误差

过失误差是指由于实验人员的人为错误所产生的误差。例如量测错误、读错刻度值、记录错误、操作不当造成的误差等。这类误差无规律性,只要细心操作,加强校对,加以注意,就可以避免过失误差。

(3) 偶然误差

偶然误差是指由不易控制的随机因素引起的误差。亦称随机误差。这种误差时大、时小、时正、时负、方向不定、没有规律性和预见性。这种误差产生的原因一般也不详。但用同一较精确的仪器,在同样条件下,对同一物理量进行多次量测,当量测次数足够多时,就可以

发现偶然误差一般服从于正态分布的统计规律。因此，随机误差表明对每一测定值是无规律的，但对总体样本数据是有统计规律性的。这种误差的特点之一是随着量测次数的增加，偶然误差的算术平均值将趋近于零。据此，增加量测次数就可以减少或消除偶然误差。因而，多次量测结果的算术平均值就接近于真值。

综上所述，加强校对和注意操作后过失误差和大部分的系统误差均可以校正和消除，剩余少量系统误差和偶然误差均属于随机误差。因此误差分析理论的重点，是研究随机误差的统计规律性。根据误差的个体无规律的不重复性及整体有统计规律性的特性，可以按随机统计分析理论来处理和分析测试误差，并正确处理好测量数据。

4. 测量数据的精度

测量误差的大小可以由精度表示，精度可以分为：

（1）精密度：表示测量数据随机误差大小的程度，或表示测试结果相互接近的程度。精密度是衡量测试结果的重复性的尺度。

（2）正确度：表示测量结果中系统误差大小的程度。正确度是衡量量测数据接近真值的尺度。

（3）精确度：表示综合衡量系统误差的随机误差的大小。精确度是测试结果中系统误差与偶然误差的综合值，即测试结果与其真值的一致程度。精确度与精密度、正确度紧密相关。它们的关系可以用打靶的情况进行比喻。如图6—1所示。图(a)表示精确度高但正确度低，即系统误差大、随机误差小；图(b)表示正确度高但精密度低，即系统误差小、随机误差大；图(c)表示精密度高，即系统误差和随机误差都小，精密度和正确度都高。

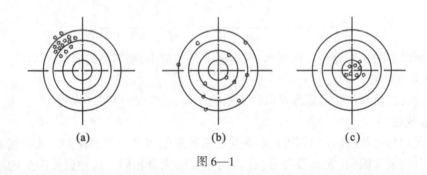

图6—1

6.1.2 对变异的实验数据的判别和处理

对实验中的变异数据要进行判别后再处理。变异数据检验方法有物理判别法和统计判别法，这里主要介绍统计判别法。

1. 格拉布斯(Grubbss)准则

（1）格拉布斯准则为

$$G > G(\alpha, n) \tag{6—10}$$

（2）格拉布斯判别法为：

① 设有 n 个测点数据 $x_1, x_2, \cdots, x_n$。其中可疑数据为 x_g，数据的均值为 $\bar{x}$，标准差为 S，则依统计量得格拉布斯系数计算值为

第6章 结构力学实验误差分析和数据处理

$$G = \frac{|x_g - \bar{x}|}{S} \tag{6—11}$$

② 依表6—1,查得危险率为 α,量测次数为 n 时的格拉布斯系数的临界值 $G(\alpha, n)$。

③ 如果 $G > G(\alpha, n)$,则可以判别出 x_g 为异常数据,将 x_g 剔除。

说明:

(1) 危险率 α 是表示犯了"将本来不是异常数据当作异常数据剔除"这类错误的概率;

(2) 格拉布斯准则可以适用于量测次数 $n < 25$ 的情况。

表6—1　　　　　　　　　　　格拉布斯系数 $G(\alpha, n)$ 值表

n	α		n	α		n	α	
	0.01	0.05		0.01	0.05		0.01	0.05
3	1.15	1.15	12	2.55	2.23	21	2.91	2.58
4	1.49	1.46	13	2.61	2.33	22	2.94	2.60
5	1.75	1.67	14	2.66	2.37	23	2.96	2.62
6	1.94	1.82	15	2.70	2.41	24	2.99	2.64
7	2.10	1.94	16	2.75	2.44	25	3.01	2.66
8	2.22	2.03	17	2.78	2.48	30	3.10	2.74
9	2.32	2.11	18	2.82	2.50	35	3.13	2.81
10	2.41	2.18	19	2.85	2.53	40	3.24	2.87
11	2.48	2.23	20	2.88	2.56	50	3.34	2.96

例 6.1 对某金属材料进行12个试样的比例极限 $\sigma_{p0.01}$ 的测试。其测试数据(单位:N/mm^2)为:

　　　　236.33　　226.47　　250.38　　263.22　　251.66　　288.84
　　　　240.35　　247.76　　189.12　　256.86　　270.25　　231.42

试问该数据系列中有否可疑数据要剔除?

解　当 $n = 12$ 时

$$\bar{x} = \frac{1}{n}\sum_{i=1}^{n} x_i = 246.06$$

$$S = \sqrt{\frac{1}{n-1}\sum_{i=1}^{n}(x_i - \bar{x})^2} = 24.95$$

若选择危险率 $\alpha = 5\%$,即 $\alpha = 0.05$。由 $n = 12$ 从表6—1中查得 $G(\alpha, n) = 2.23$,在测试数据中首先怀疑最小值189.12,由于

$$G = \frac{|189.12 - 246.06|}{24.95} = 2.28$$

则 $G=2.28>G(\alpha,n)=2.23$,所以 189.12 应被剔除。

对余下的 11 个数据重新计算,得 $\bar{x}=251.25, S=18.18$。

由 $\alpha=0.05, n=11$,查表 6—1 得 $G(\alpha,n)=2.23$,若对其中最大值 288.84 怀疑,由于 $n=11, \bar{x}=251.25; S=18.18$,则 $G=\frac{|288.84-251.25|}{18.18}=2.07$。则 $G=2.07<G(\alpha,n)=2.23$,所以 288.84 应被保留。

2. t 检验准则

(1) t 检验准则为

$$K > K(\alpha,n) \qquad (6—12)$$

(2) t 检验准则判别法为:

① 将实验数据从小到大排列,如 $x_1, x_2, \cdots, x_n$;

② 设在 n 个实验数据中,可疑数据为 x_k,则不包含 x_k 的 $n-1$ 个实验数据的均值为 $\bar{x}$,标准差为 S,得统计量值为

$$K = \frac{|x_k - \bar{x}|}{S} \qquad (6—13)$$

③ 依表 6—2,查得危险率为 α 和量测数据为 n 时的临界值 $K(\alpha,n)$;

④ 如果 $K>K(\alpha,n)$,则可疑数据 x_k 为异常数据,将 x_k 剔除。

表 6—2　　　　　　　　　t 检验临界值 $K(\alpha,n)$ 数值表

n	α		n	α		n	α	
	0.01	0.05		0.01	0.05		0.01	0.05
4	11.46	4.97	8	3.96	2.62	12	3.31	2.33
5	6.53	3.04	9	3.71	2.51	13	3.23	2.29
6	5.04	3.04	10	3.54	2.43	14	3.17	2.26
7	4.3	2.78	11	3.41	2.37	15	3.12	2.24
16	3.08	2.22	21	2.93	2.15	26	2.85	2.10
17	3.04	2.20	22	2.91	2.14	27	2.84	2.10
18	3.01	2.18	23	2.90	2.13	28	2.83	2.09
19	3.00	2.17	24	2.88	2.12	29	2.82	2.09
20	2.95	2.16	25	2.86	2.11	30	2.81	2.08

例 6.2 对某型号铝合金试件的 8 个试样测试其屈服极限为 $\sigma_{p0.2}$,其实验数据(单位: N/mm^2)为:263.2,228.95,265.04,274.28,261.15,262.94,266.95,274.54。试问有否可疑

数据要剔除?

解 首先将上列数据依从小到大排列为

$$x_1 = 228.95, \quad x_2 = 261.15, \quad x_3 = 262.94, \quad x_4 = 263.20$$
$$x_5 = 265.04, \quad x_6 = 266.95, \quad x_7 = 274.28, \quad x_8 = 274.54$$

若认为 $x_k = x_1 = 228.95$ 为可疑数据,则计算不包括 $x_k = x_1$ 在内时的 $\bar{x}$ 及 S 为

$$\bar{x} = \frac{1}{7}\sum_{i=2}^{8} x_i = 266.87$$

$$S = \sqrt{\frac{1}{7-1}\sum_{i=2}^{8}(x_i - \bar{x})^2} = 5.46$$

$$K = \frac{|x_k - \bar{x}|}{S} = \frac{|228.95 - 266.87|}{5.46} = 6.95$$

依据 $\alpha = 0.01$ 与 $n = 8$ 查表 6—2 得 $K(\alpha, n) = 3.96$,则

$$K = 6.95 > K(\alpha, n) = 3.96$$

则 $x_k = x_1 = 228.95$ 应该剔除。

若 $\alpha = 0.05$ 与 $n = 8$,查得 $K(\alpha, n) = 2.62$ 比 3.96 更小。可见,危险率为 1% 与 5% 的 x_1 都应剔除。

6.1.3 间接测量误差的估算

在结构力学实验中,有些物理量是能够直接测得的,如长度和时间等;有些物理量是不能够直接测得的,如弹性模量 E,E 是要通过测量试件的横截面积 S、标距 L,变形 ΔL 和荷载 F 这四个量,再根据虎克(Hooke,R.)定律计算出来的。这样求得的结果不可避免地带来一定的误差。这就是所谓间接测量误差。下面讨论这个问题。

设某测量对象 x 有如下的函数关系

$$x = f(x_1, x_2, \cdots, x_n)$$

式中 $x_1, x_2, \cdots, x_n$ 为实验中所能够直接测得的各独立物理量。若 $\Delta x_1, \Delta x_2, \cdots, \Delta x_n$ 分别代表所测得的独立物理量 $x_1, x_2, \cdots, x_n$ 的绝对误差,则 x 的误差为

$$\Delta x = f(x_1 + \Delta x_1, x_2 + \Delta x_2, \cdots, x_n + \Delta x_n) - f(x_1, x_2, \cdots, x_n)$$

按泰勒级数公式展开,并略去高阶微量得

$$\Delta x \approx f(x_1, x_2, \cdots, x_n) + \frac{\partial f}{\partial x_1}\Delta x_1 + \frac{\partial f}{\partial x_2}\Delta x_2 + \cdots + \frac{\partial f}{\partial x_n}\Delta x_n - f(x_1, x_2, \cdots, x_n)$$

故测量对象 x 的绝对误差为

$$\Delta x = \frac{\partial f}{\partial x_1}\Delta x_1 + \frac{\partial f}{\partial x_2}\Delta x_2 + \cdots + \frac{\partial f}{\partial x_n}\Delta x_n \tag{6—14}$$

将式(6—14)除以测量对象 x,便得 x 的相对误差为

$$\delta_x = \frac{\Delta x}{x} = \frac{1}{x}\left[\frac{\partial f}{\partial x_1}\Delta x_1 + \frac{\partial f}{\partial x_2}\Delta x_2 + \cdots + \frac{\partial f}{\partial x_n}\Delta x_n\right]$$

$$= \frac{\partial f}{\partial x_1}\frac{\Delta x_1}{x} + \frac{\partial f}{\partial x_2}\frac{\Delta x_2}{x} + \cdots + \frac{\partial f}{\partial x_n}\frac{\Delta x_n}{x}$$

$$= \frac{x_1}{x}\frac{\partial f}{\partial x_1}\delta_{x_1} + \frac{x_2}{x}\frac{\partial f}{\partial x_2}\delta_{x_2} + \cdots + \frac{x_n}{x}\frac{\partial f}{\partial x_n}\delta_{x_n} \qquad (6-15)$$

式中 $\delta_{x_1},\delta_{x_2},\cdots,\delta_{x_n}$ 分别表示 $x_1,x_2,\cdots,x_n$ 的相对误差。

例 6.3 若采用三点弯曲试件测试 K_{1c} 值,其试件 K_1 的表达式为

$$K_1 = K_Q = \frac{P_Q}{BW^{1/2}}y\left(\frac{a}{w}\right)$$

解 依据式(6—15),K_{1c} 的相对误差可以表示为

$$\delta_{K_Q} = \frac{\Delta K_Q}{K_Q} = \frac{1}{K_Q}\left[\frac{\partial K_Q}{\partial B}\Delta B + \frac{\partial K_Q}{\partial W}\Delta W + \frac{\partial K_Q}{\partial P_Q}\Delta P_Q + \frac{\partial K_Q}{\partial y}\Delta y\right]$$

$$= \frac{1}{K_Q}\left[-\frac{P_Q}{B^2W^{1/2}}y\left(\frac{a}{W}\right)\Delta B - \frac{P_Q}{2BW^{3/2}}y\left(\frac{a}{W}\right)\Delta W + \frac{1}{BW^{1/2}}y\left(\frac{a}{W}\right)\Delta P_Q + \frac{P_Q}{BW^{1/2}}\Delta y\left(\frac{a}{W}\right)\right]$$

$$= \frac{1}{K_Q}\left[-\frac{\Delta B}{B}K_Q - \frac{1}{2}\frac{\Delta W}{W}K_Q + \frac{\Delta P_Q}{P_Q}K_Q + \frac{\Delta y}{y}K_Q\right]$$

$$= -\frac{\Delta B}{B} - \frac{1}{2}\frac{\Delta W}{W} + \frac{\Delta P_Q}{P_Q} + \frac{\Delta y}{y} = -\delta_B - \frac{1}{2}\delta_W + \delta_{P_Q} + \delta_Y$$

由于 $\Delta B,\Delta W,\Delta P_Q,\Delta y$ 可正可负,故求最大相对误差时,取各误差的绝对值,即

$$\delta_{K_Q} = |\delta_B| + \frac{1}{2}|\delta_W| + |\delta_{P_Q}| + |\delta_y|$$

若已知 $\delta_B \leq 0.5\%, \delta_W \leq 0.5\%, \delta_{P_Q} \leq 2\%, \delta_y \leq 7\%$,则

$$\delta_{K_Q} = \frac{\Delta K_Q}{K_Q} = (0.5+0.5+2+7)\% = 9.75\%$$

$$\delta_{K_Q} = \frac{\Delta K_Q}{K_Q} \leq 10\%$$

综上所述,可以归纳为:

(1)系统误差可以通过对测量值修正的办法予以校正、消除或减少。

(2)偶然误差无法消除,但可以反复多次测量,最后取其平均值 $\overline{M}$,该值称为最优值。一般情况下,测量次数足够多了,其算术平均值就会接近其真值。据此,增加测量次数是提高实验精度的最好办法。

(3)如果知道理论值,则可以与平均值 $\overline{M}$ 比较,计算其相对误差。

(4)若理论值未知,则可以用式(6—7)及式(6—8)计算 $\overline{M}$ 的平方根误差来估算其真值。

(5)对由过失误差引起的一些可疑的实验数据,可以用格拉布斯准则和 t 检验准则进行判别处理。

(6)已知测量值的精度,则可以根据它们组成函数的情况估算测量结果的最大相对误差。

§6.2 实验数据处理

结构力学实验中有些实验数据是以模拟量形式出现的时间历程记录曲线,有些实验数

据是直接以数字形式出现的数据系列等。无论是以何种形式出现,都必须通过数学的方法进行数据处理,抑制和排除无关的信息,以便从复杂的现象中揭示出事物的内在规律性,把握其本质。

6.2.1 测量数据的有效数字处理

1. 有效数字的定义

表示一个数中的任何一个有意义的数字,称为有效数字。显然在数中存在着无意义的数字。因为任何测量值中均存在误差,都是由测量的近似值代替测量值。如在记录实验数据时,已暗示这组数据的最后一位数字是估计值,是可疑的。即这位数字是没有意义的,其余各位数(包括"0"在内)都必须是有意义的数字。例如:50.3 表示三位有效数字;4000.2 表示五位有效数字。

2. 有效数字的位数

确定有效数字的位数是很重要的。这项工作取决于测试手段(仪器、仪表、量具)的分辨率。测量时应估读到仪表刻度上最小分格的分数,测量值的原始数据只能保留一位不准确的数字。如用百分表测量刚架的位移,其有效数字可以达四位,即 1.343mm,末位数 3 是估读的,是不准确的。如另一测点的位移是 1.340mm,末位数的"0"是有意义的,是有效的,因为它表示测量值的精度,不能舍去。但如果将其表示为 0.001340m,那么"1"前的三个"0"不是有效数字,它的有效数字还是四位。可见,在有效数字中间的"0"和处于小数点的有效位数的末位的"0"都是有效数字,但处于第一个非"0"的数字之前的"0"都不是有效数字。

对于那些没有小数点的数,又无法确定它是几位有效数字,可以将之变成有小数点或带指数形式的数来表示。如 23 000,此时可以将之写成 2.30×10^4,表示有效数字为三位;若写成 2.300×10^4 表示有效数字为四位。若写成 2.3000×10^4,表示有效数字为五位。若写成 2.3×10^4,表示有效数字为两位。

3. 有效数字的尾数处理的修约规则

当依据仪器的精度确定了有效数字的位数后,其余数字一并弃之。摒弃的规则是按我国 1987 年制定的《数值修约规则》(G81770—87)进行。"规则"是:"四舍六入五考察,五后非零应进一,五后皆零视奇偶,五前为偶应舍去,五前为奇则进一"。如将下列各数取为三位有效数字。即

$$13.3452 \rightarrow 13.3(四舍)$$
$$25.4743 \rightarrow 25.5(六入)$$
$$2.05501 \rightarrow 2.06(五后非零进一)$$
$$2.08500 \rightarrow 2.08(五后皆零,五前为偶应舍去)$$
$$2.07500 \rightarrow 2.08(五后皆零,五前为奇则进一)$$

6.2.2 实验试件数的估算

在结构力学实验中,有些结构的力学性能往往是由多个试件组成的样本进行实验,取其实验结果的平均值去估计总体的均值。所以样本均值实际代替了总体均值,成为其力学性能参数的代表。但是,由样本均值去代替总体均值时,必然会带来误差。而误差容许多大

时,才能用样本均值去估计总体均值呢？这就涉及要用多少个试件才能满足容许误差。在数理统计中,解决的方法可以用下式确定

$$\frac{S}{\bar{x}} \leqslant \frac{\delta\sqrt{n}}{t_r} \tag{6—16}$$

式中：δ——误差限度,一般取 5%;

n——所需试件的最少个数；

t_r——置信概率为 r 时,t 分布临界值,可以由表 6—3 查得；

$\bar{x}$——样本的均值,$\bar{x} = \frac{1}{n}\sum_{i=1}^{n} x_i$;

S——样本的标准差,$S = \sqrt{\dfrac{\sum_{i=1}^{n}(x_i - \bar{x})^2}{n-1}} = \sqrt{\dfrac{\sum_{i=1}^{n} x_i^2 - n\bar{x}^2}{n-1}}$。

当试件数量满足式(6—16)的精度要求时,表示试件数量满足要求；当试件数量不满足式(6—16)的精度要求时,表示试件数量不足,还应增加试件数。

下面举一测试 K_{Ic} 平均值的例子,说明确定 n 的方法。

表 6—3　　　　　　　　　　t 分布的临界值表

$n-1$ \ $a/2$	0.10	0.05	0.025	0.01	0.005	0.0025	0.001	0.0005
1	3.078	6.314	12.706	31.821	63.657	127.32	318.31	636.62
2	1.886	2.920	4.303	6.965	9.925	14.089	23.326	31.598
3	1.638	2.353	3.182	4.541	5.841	7.453	10.213	12.924
4	1.533	2.132	2.776	3.747	4.604	5.598	7.173	8.610
5	1.476	2.015	2.571	3.365	4.032	4.773	5.893	6.869
6	1.440	1.943	2.447	3.143	3.707	4.317	5.208	5.959
7	1.415	1.895	2.365	2.998	3.499	4.029	4.785	5.408
8	1.397	1.860	2.306	2.896	3.355	3.833	4.501	5.041
9	1.383	1.833	2.262	2.821	3.250	3.690	4.297	4.781
10	1.372	1.812	2.228	2.764	3.169	3.581	4.144	4.587
11	1.363	1.796	2.201	2.718	3.106	3.497	4.025	4.437
12	1.356	1.782	2.179	2.681	3.055	3.428	3.930	4.318

续表

$a/2$ $n-1$	0.10	0.05	0.025	0.01	0.005	0.0025	0.001	0.0005
13	1.350	1.771	2.160	2.650	3.012	3.372	3.852	4.221
14	1.345	1.761	2.145	2.624	2.977	3.326	3.787	4.140
15	1.341	1.753	2.131	2.602	2.947	3.286	3.733	4.073
16	1.337	1.746	2.120	2.583	2.921	3.252	3.686	4.015
17	1.333	1.740	2.110	2.567	2.898	3.222	3.646	3.965
18	1.330	1.734	2.101	2.552	2.878	3.197	3.610	3.922
19	1.328	1.729	2.093	2.539	2.861	3.174	3.579	3.883
20	1.325	1.725	2.086	2.528	2.845	3.153	3.552	3.850
21	1.323	1.721	2.080	2.518	2.831	3.135	3.527	3.819
22	1.321	1.717	2.074	2.508	2.819	3.119	3.505	3.792
23	1.319	1.714	2.069	2.500	2.807	3.104	3.485	3.767
24	1.318	1.711	2.064	2.492	2.797	3.091	3.467	3.745
25	1.316	1.708	2.060	2.485	2.787	3.078	3.450	3.725
26	1.315	1.706	2.056	2.479	2.779	3.067	3.435	3.707
27	1.314	1.703	2.052	2.473	2.771	3.057	3.421	3.690
28	1.313	1.701	2.048	2.467	2.763	3.047	3.408	3.674
29	1.311	1.699	2.045	2.462	2.756	3.038	3.396	3.659
30	1.310	1.697	2.042	2.457	2.750	3.030	3.385	3.646
40	0.303	1.684	2.021	2.423	2.704	2.971	3.307	3.551
60	1.296	1.671	2.000	2.390	2.660	2.915	3.232	3.460
120	1.289	1.658	1.980	2.358	2.617	2.860	3.160	3.373
∞	1.282	1.645	1.960	2.326	2.576	2.807	3.090	3.291

例 6.4 用一组 $B=15\text{mm}$ 标准三点弯曲试件测定一种状态下 L_{c4} 的断裂韧度 K_{lc} 平均值,并确定实验试件最少的件数。要求 K_{lc} 在 90% 置信下与真值误差小于 5%。

解 先从制备试件中任取三根测出 K_{lc} 值为

29.87>MPa$\sqrt{m}$,29.65MPa$\sqrt{m}$和32.41MPa$\sqrt{m}$。

因 $n=3$,则

$$\bar{x} = \frac{1}{n}\sum_{i=1}^{n} x_i = 30.64$$

及

$$S = \sqrt{\frac{\sum_{i=1}^{n} x_i^2 - n\bar{x}^2}{n-1}} = 1.53$$

得

$$\frac{S}{\bar{x}} = \frac{1.53}{30.64} = 5\%$$

再由 $n=3, r=90\%$ 查表 6—3 得 $t_r = 2.920$,则

$$\frac{\delta\sqrt{n}}{t_r} = \frac{0.05\sqrt{3}}{2.920} = 3\%$$

显然 $\frac{S}{\bar{x}} > \frac{\delta\sqrt{n}}{t_r}$,不满足要求。增加一根试件进行补测,测得 $K_{Ic} = 30.21$MPa$\sqrt{m}$,共有四个 K_{Ic} 值($n=4$)分别为 29.87MPa$\sqrt{m}$、29.65MPa$\sqrt{m}$、30.21MPa$\sqrt{m}$ 和 32.41MPa$\sqrt{m}$,由此算出

$$\frac{S}{\bar{x}} = \frac{1.27}{30.54} = 4\%$$

再由 $n=4, r=90\%$ 查表(6—3)得 $t_r = 2.353$,则

$$\frac{\delta\sqrt{n}}{t_r} = \frac{0.05\sqrt{4}}{2.353} = 4.25\%$$

显然 $\frac{S}{\bar{x}} < \frac{\delta\sqrt{n}}{t_r}$,所以 $K_{Ic} = 30.54$MPa$\sqrt{m}$,即为所求之 K_{Ic} 平均值,实验试件最少要取 4 根。

6.2.3 实验数据的表示法

实验数据的表示方法有列表法、图解法和解析法三种。列表法是按一定的格式和顺序,将实验数据中的自变量和因变量一一对应地列在表格里,以便对此进行分析和计算。列表法是图解法和解析法的基础。图解法是按选定的坐标(直角坐标系、极坐标系、对数和半对数坐标系等),把实验数据描成曲线(或直线)图形。图解法可以直观地显示实验数据的最大值或最小值、转折点以及周期性等,形象地反映多变量之间的关系。解析法是运用数理统计学中的回归分析方法,对大量的实验数据进行分析处理,找出一个比较符合事物内在规律的数学表达式——方程式或经验公式。解析法可以用来微分、积分、插值等多种运算,进一步描述变量之间的相互关系和揭示问题的本质。前两种方法在前修课程中都作过详细的介绍,本书只重点介绍实验数据的解析法。

解析法中主要采用回归分析法,用回归分析方法确定的各变量之间的关系称为回归方程,回归方程中所含的系数称为回归系数。例如,变量 x, y 之间的回归方程为 $y = a + bx$,则 a、b 称为回归系数。

对实验数据进行回归分析,主要解决回归方程的类型、回归系数、常数项的确定以及变

量之间的线性关系问题。

1. 回归方程

对于一组实验数据的回归方程,除了要一定的专业理论知识和实践经验之外,主要用最小二乘法原理来确定。

设由实验结果,取得了 n 对数据 (x_i, y_i),$i = 1, 2, \cdots, n$。然后依据样本数据在 xOy 直角坐标系中描点,作出数据散点图,从图中直观地看是否存在随机变量之间相互关系与其函数形式。设本例的散点图如图 6—2 所示。图中的数据点形成一线性分布带,故可以假定 $x \sim y$ 之间有线性相关关系,其回归方程为

$$y = a + bx \tag{6—17}$$

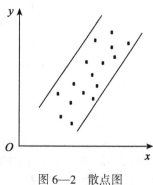

图 6—2 散点图

回归系数和常数项可以用最小二乘法确定为

$$\begin{cases} a = \dfrac{\sum y_i \sum x_i^2 - \sum x_i \sum x_i y_i}{n \sum x_i^2 - \left(\sum x_i\right)^2} \\ b = \dfrac{n \sum x_i y_i - \sum x_i \sum y_i}{n \sum x_i^2 - \left(\sum x_i\right)^2} \end{cases} \tag{6—18}$$

式中,n 为样本数据的点数。为了描述二变量 x,y 之间的线性相关关系的密切程度,常用相关系数 r 表示,即

$$r = \frac{n \sum x_i y_i - \sum x_i \sum y_i}{\sqrt{\left[n \sum x_i^2 - \left(\sum x_i\right)^2\right]\left[n \sum y_i^2 - \left(\sum y_i\right)^2\right]}} = \frac{L_{xy}}{\sqrt{L_{xx} L_{yy}}}$$

式中 $L_{xy} = \sum (x_i - \overline{x})(y_i - \overline{y})$;

$\overline{x} = \dfrac{\sum x_i}{n}$; $\overline{y} = \dfrac{\sum y_i}{n}$; $L_{xx} = \sum (x_i - \overline{x})^2$; $L_{yy} = \sum (y_i - \overline{y})^2$。

当 $|r| = 0$ 时,表示 x 与 y 之间线性不相关;

当 $0 < |r| < 1$ 时,表示 x 与 y 之间存在着一定的线性关系;

当 $|r| \to 1$ 时,表示 x 与 y 之间的线性密切相关。

一般要求,当 $|r| \geq 0.8$ 时,才有意义。

2. 相关系数的标准性检验

上面说到当系数 r 的绝对值大于 0.8 时才有意义,此时用回归直线表示 x 与 y 之间的关系,相关系数 r 也较标准,配制一条回归直线,r 的绝对值还可能相当大。但若再增加几个测点数据,即增大 n,则可能如图 6—3(b) 所示,图 6—3(b) 显示出 x 与 y 不成线性关系,这就是说有必要对相关系数进行检验。

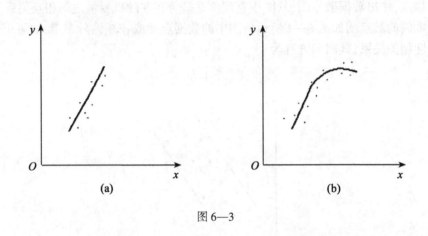

图 6—3

表 6—4 为相关系数标准性检验表,该表给出了不同的 $(n-2)$ 值在危险率 $\alpha=0.01$ 及 $\alpha=0.05$ 时的相关系数标准检验值。这些值是相关系数的起码值,通常称为标准值或临界值,记做 r_α。若子样相关系数 r 在一定危险率下超过该表中数值时,就认为 r 达到了标准值,此时配制回归直线才有意义。

表 6—4　　相关系数标准性检验表

$n-2$ \ α	0.05	0.01	$n-2$ \ α	0.05	0.01
1	0.997	1.000	10	0.576	0.708
2	0.950	0.990	11	0.553	0.684
3	0.878	0.959	12	0.532	0.661
4	0.811	0.917	13	0.514	0.641
5	0.754	0.874	14	0.497	0.623
6	0.707	0.834	15	0.482	0.606
7	0.666	0.798	16	0.468	0.590
8	0.632	0.765	17	0.456	0.575
9	0.602	0.735	18	0.444	0.561

续表

$n-2$	α 0.05	0.01	$n-2$	α 0.05	0.01
19	0.433	0.549	30	0.349	0.449
20	0.423	0.537	35	0.325	0.418
21	0.413	0.526	40	0.304	0.393
22	0.404	0.515	45	0.288	0.372
23	0.396	0.505	50	0.273	0.354
24	0.388	0.496	60	0.250	0.325
25	0.381	0.487	70	0.232	0.302
26	0.374	0.478	80	0.217	0.283
27	0.367	0.470	90	0.205	0.267
28	0.361	0.463	100	0.195	0.254
29	0.355	0.456	200	0.138	0.181

具体检验步骤如下：

(1) 按 $r = \dfrac{L_{xy}}{\sqrt{L_{xx}L_{yy}}}$ 计算相关系数 r；

(2) 给定危险率 α，按 $(n-2)$ 数值查表 6—4，得到相应的标准值 r_α；

(3) 比较 $|r|$ 与 r_α 的大小，如果 $|r| < r_\alpha$，则 x 与 y 之间不存在线性相关关系，r 在危险率 α 下，用直线配 x 与 y 之间的关系是不合理的。

例 6.5 今有某实验的 $\lg\dfrac{\mathrm{d}a}{\mathrm{d}N}$ 与 $\lg\Delta K$ 的数据如表 6—5 所示。试找出二者之间的经验公式。并检验 x 与 y 之间是否有线性相关关系（$\alpha = 0.05$）。

表 6—5　　　　某实验的 $\lg\dfrac{\mathrm{d}a}{\mathrm{d}N} \sim \lg\Delta k$ 数据计算表

序号	实验数据 x_i $(\lg\Delta K)_i$	y_i $\left(\lg\dfrac{\mathrm{d}a}{\mathrm{d}N}\right)_i$	$x_i y_i$	x_i^2	y_i^2
1	1.729 4	−4.735 6	−8.189 7	2.990 8	22.425 9
2	1.757 6	−4.821 5	−8.474 1	3.089 2	23.249 6
3	1.783 2	−4.568 4	−8.146 4	3.179 8	20.870 3
4	1.803 9	−4.644 4	−8.378 0	3.254 1	21.570 5
5	1.822 9	−4.568 5	−8.327 9	3.323 0	20.871 2
6	1.843 0	−4.497 0	−8.288 0	3.396 6	20.223 0

续表

序 号 实验数据	x_i $(\lg\Delta K)_i$	y_i $\left(\lg\dfrac{da}{dN}\right)_i$	$x_i y_i$	x_i^2	y_i^2
7	1.863 7	-4.437 7	-8.270 5	3.473 4	19.639 2
8	1.883 7	-4.336 4	-8.168 5	3.548 3	18.804 4
9	1.915 4	-4.221 4	-8.085 7	3.668 8	17.820 2
10	1.995 2	-4.008 2	-7.997 2	3.980 8	16.065 7
11	2.000 0	-4.100 0	-8.200 0	4.000 0	16.810 0
12	2.049 6	-3.818 3	-7.826 0	4.200 9	14.579 4
13	2.074 3	-3.892 5	-8.074 2	4.302 7	15.151 6
14	2.100 0	-3.950 0	-8.295 0	4.410 0	15.602 5
15	2.144 1	-3.753 8	-8.048 5	4.597 2	14.091 9
16	2.210 3	-3.716 2	-8.213 9	4.885 4	13.810 1
$\sum$	30.976 3	-60.069 9	-130.983 6	60.301 0	291.635 9

解 （1）作散点图，如图6—2所示。由图可知，可以用线性模拟。

（2）求回归直线：由表6—5计算可知 $\sum x_i$、$\sum y_i$、$\sum x_i y_i$、$\sum x_i^2$、$\sum y_i^2$ 等值，将这些值代入式(6—18)可得：$b=2.4251$，$a=-8.9494$。

（3）计算相关系数

$$r = \dfrac{n\sum x_i y_i - \sum x_i \sum y_i}{\sqrt{\left[n\sum x_i^2 - \left(\sum x_i\right)^2\right]\left[n\sum y_i^2 - \left(\sum y_i\right)^2\right]}} = 0.975$$

（4）相关系数的标准性检验，根据 $\alpha=0.05$，$n-2=14$ 由表6—4查得 $r_{0.05}=0.497$，显然 $|r|=0.975 > r_{0.05}=0.497$，所以用直线拟合 x 与 y 之间的相互关系是合理的。由回归直线方程

$$y = -8.9494 + 2.4251x$$

可以表示为

$$\lg\dfrac{da}{dN} = -8.9494 + 2.4251\lg\Delta k$$

式中

$$\lg c = -8.9494, \text{则} c = 1\times 10^{-9}$$
$$m = 2.4251 \approx 2.43$$

则

$$\dfrac{da}{dN} = 1\times 10^{-9}(\Delta K)^{2.49}$$

上式即为某实验的 $\dfrac{da}{dN}$ 与 ΔK 关系的经验公式。

回归分析可以分为线性回归分析和非线性回归分析，一元回归分析和多元回归分析。

如果研究两个变量之间的相互关系称为一元回归分析；如果研究两个以上变量之间的相互关系称为多元回归分析。若两个变量之间的内在关系不是线性的，而是某种曲线关系，则称之为一元非线性回归分析。本节介绍的是一元线性回归分析法，该方法是最基本、最常用的方法。对于非线性回归问题，可以通过适当的变量转换为线性回归问题。如用"变量转换法"（如通过对非线性方程两边取对数转换为线性方程表示在对数坐标系中，就是变量转换法。）或"多项式拟合法"等，将非线性的曲线方程转换为线性方程，将多元回归问题转换为一元回归问题，即可以使多元线性或非线性问题和一元非线性问题得以解决。限于篇幅，本书不作介绍。

第 二 篇
结构力学实验基础知识

第7章 结构力学实验常用设备简介

结构力学实验的常用设备可以分为:信号采集、信号放大、信号显示与记录和信号处理分析四部分。若做动力实验,还应有激振设备。下面对各部分设备所用仪器作简单介绍。

§7.1 信号采集设备

信号采集所用的仪器又称传感器,或称转换器、换能器、拾振器等。传感器是一种将非电量信号转换成电信号输出的装置,是一种敏感性元件,是结构力学实验的关键部件。尤其是随着电脑的计算容量增大及计算速度加快,促使计算机向着扩大输入和输出两端发展。计算机的输入硬件主要就是传感器。国外有学者把传感器称为与"电脑"相对应的"电五官",将之比喻为人的视、听、触、嗅、味等五种感官的对应元件。

7.1.1 传感器分类

传感器可以按测试的物理量、工作原理、能量传递方式等分类,还可以从工程实用上分类。分类方法很多,这里采取实际中常用的两种方法分类:

第一种是按照传感器的使用来分类。作为转换装置的传感器是不可能对所有被测量都适用。通常,只适合某一种特定量之用。于是,将传感器按其使用进行分类。如:位移传感器、速度传感器、加速度传感器、温度传感器、压力传感器、测力传感器等。

第二种是按照传感器结构特点或物理效应分类。这种分类可以看出传感器的转换机理以及所具有的性能特点,例如:

应变式:应变式传感器是利用电阻应变计作为转换元件,将被测物理量转换成相应电阻变化输出的传感器。应变式传感器属于物理型,具有精度高的特点。

电容式:电容式传感器是利用弹性电极在输入作用下产生位移,使电容量发生变化而输出的一种传感器。属构造型传感器,该类传感器具有良好的动态特性,但相应的记录仪表比较复杂。

压电式:压电式传感器是利用半导体材料和集成电路等先进工艺制成的一种输出电阻变化的固体传感器。

磁电式:磁电式传感器是利用线圈与磁体做相对运动时,线圈中的磁通量发生变化,而感应出与之相应的电动势传感器。

在这一分类中,还有电感式、差动变压式,光电式等数十种不同类型。

上述分类法都有一个共同的缺点:只强调了一个方面。实际上有的传感器可以同时用于测量若干种被测量,而对于同一种被测量又可以采用多种原理和传感器进行测量。所以在许多情况下,往往将上述两种分类法综合使用。如常称的"应变式测力传感器"、"压电式加速度计"、"磁电式速度计"等。

7.1.2 传感器的工作原理及构造特点

不同类型的传感器其工作原理亦不同,下面仅就结构力学实验中常用的应变式和压电式类型的传感器结构的工作原理作简单介绍。

1. 电阻应变传感器

电阻应变传感器又分为金属电阻应变计与半导体应变计两种。

金属电阻应变计的工作原理就是利用金属导线的所谓"应变效应",即金属导线的电阻值随其变形(伸长或缩短)而发生改变的一种物理现象。而半导体应变计的工作原理是基于半导体的"压阻效应",即单晶体半导体材料在沿某一轴向受到外力作用时,其电阻率发生变化的现象。

电阻应变计作为传感器的使用将在第8章中作专门介绍。

2. 压电传感器

压电传感器的特性是可以将机械能转换成电能,又可以将电能转化成机械能。这种性能使这种传感器可以广泛用于力、压力和加速度的测量。也可以用于超声波发射与接收装置。这种传感器具有体积小、重量轻、精度高及灵敏度高等优点。与技术性能日益提高的电荷放大器等后续仪器配套,使其应用更加广泛。

压电传感器的基本原理是利用石英、钛酸钡等特殊物质的"压电效应",即当这些物质受到外力作用时,其几何尺寸发生变化,内部也极化,表面出现电荷,形成电场。当外力去掉后,又重新回到原来状态。反之,若将这些物质置于外电场中,其几何尺寸也发生变化。这种由于外电场作用导致物质的机械变形的现象,称为逆电效应,或称为电致伸缩效应。

压电传感器的构造原理是在压电晶片的两个工作面上作金属蒸镀,形成金属膜,构成两个电极,如图7—1所示。当晶片受到外力作用时,在两个极板上积聚数量相等、极性相反的电荷,形成了电场。因此,压电传感器可以看做是一个电荷发生器或电容器,其电容量为

$$C = \frac{\varepsilon' \varepsilon_0 A}{\delta} \tag{7—1}$$

式中:ε'——压电材料的介电常数,$\frac{F}{m}$;

ε_0——真空介电常数,$\varepsilon_0 = 8.85 \times 10^{-12} \frac{F}{m}$;

δ——极板间距,即晶片厚度,m;

A——压电晶片工作面面积,m^2。

如果极板上电荷无泄漏,则施加晶片上的外力不变时,其积聚在极板上的电荷量将保持不变,但当外力去掉时,电荷将随之消失。

实验证明,在极板上积聚的电荷量 Q 与作用力 F 成正比,即

$$Q = DF \tag{7—2}$$

式中:Q——电荷量,C;

D——压电常数,与材料及切片方向有关,$\frac{C}{N}$;

F——作用力,N。

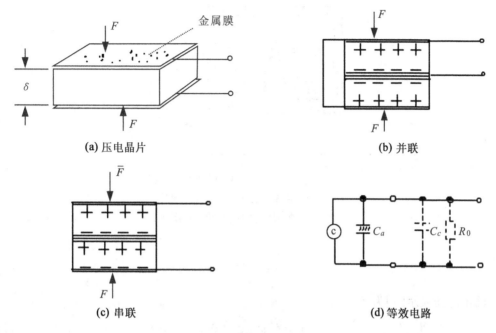

图 7—1　压电晶片及等效电路

显然,对于压电式的力传感器,要测出作用力大小的关键是要测得电荷量的大小,要使传感器测试准确就必须防止泄漏或走失,完全防止不可能,但要采取一些措施,使电荷从压电晶片经测量电路的漏失减少到最小的程度。

实验中的压电传感器一般采取两个或两个以上的晶片进行串联或并联,使其电容或电压大些。下面以压电加速计为例说明压电传感器的构造及工作原理。如图 7—2 所示为压电加速计构造示意图。

由图 7—2 可知,惯性质量块放在压电晶体上,并用硬弹簧施加一定的预压力,以减少晶体受压力时引起的非线性误差,提高测量精度。压电晶体片为有一定刚度的弹性体,可以视为弹簧,该晶体片与硬弹簧串联(受力相同),构成一个弹簧常数为 K 的弹簧,系统阻尼用 C 表示,这就构成一个单自由度系统。由于系统的弹簧常数 K 很大,而质量块 m 很小,所以系统的固有频率 $\omega_n = \sqrt{\dfrac{K}{m}}$ 也就很大,完全满足 $\omega_n \gg \omega$ 的条件。质量块 m 相对于外壳的位移 X 与振动体的振动加速度 $\ddot{Y}(t)$ 成正比,即 $X(t) = \dfrac{K}{\omega_n^2} \ddot{Y}(t)$。

当被测物体振动时,加速度计中的"弹簧—质量"系统的质量块由于受到惯性力作用,使压电晶体片上受到的振动压力为

$$F(t) = KX(t) = \frac{K}{\omega_n^2} \ddot{Y}(t) \tag{7—3}$$

根据压电晶体的"压电效应",当压电晶体片承受压力作用时,在晶体表面产生的电荷如式(7—2)所示。现将式(7—3)代入式(7—2),则得

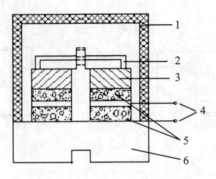

1—壳体;2—硬弹簧;3—惯性质量块;
4—输出端;5—压电晶体片;6—基座
图 7—2 压电加速度计示意图

$$Q = \frac{DK}{\omega_n^2}\ddot{Y}(t) \tag{7—4}$$

若用输出电压表示,则为

$$V = \frac{D}{C}F = \frac{DK}{C\omega_n^2}\ddot{Y}(t) \tag{7—5}$$

由式(7—4)、式(7—5)可知:压电加速度计的输出电荷或输出电压与被测物体的振动加速度成正比。

压电加速度计的主要特性与使用条件:

(1)安装谐振频率。加速度计安装在被测物体上,加速度计基座与被测物体连成一个整体,使系统的刚度减小。在这种情况下加速度计中的"弹簧—质量"系统的固有频率就称为安装谐振频率,该频率比加速度计自身的谐振频率低。因此,加速度计的工作频率上限受到安装谐振频率的限制,实际使用时要注意。

(2)灵敏度。压电加速度计的灵敏度有两种表示方法:电荷灵敏度和电压灵敏度,其物理意义是加速度计在单位加速度下的电荷输出量或电压输出量,由式(7—4)、式(7—5)可以分别表示为:

电荷灵敏度 $\quad S_q = \dfrac{Q}{\ddot{Y}(t)} = \dfrac{DK}{\omega_n^2} \quad (\text{PC}/(\text{m}\cdot\text{s}^{-2}))$ (7—6)

电压灵敏度 $\quad S_v = \dfrac{V}{\ddot{Y}(t)} = \dfrac{DK}{C\omega_n^2} \quad (\text{mV}/(\text{m}\cdot\text{s}^{-2}))$ (7—7)

可见,加速度计连接电缆的电容 C 对电荷灵敏度无影响,而对电压灵敏度有较大的影响。因此,连接电缆的长度对电压灵敏度有一定限制。这在使用时必须注意。导线长度虽然对电荷灵敏度无影响,但最好是使用低噪声电缆。

(3)横向灵敏度。所谓横向灵敏度是指加速度计横向运动响应的灵敏度。横向灵敏度一般是在主轴方向灵敏度的1%~5%之间。横向灵敏度的存在除与电压材料的不均匀性、切片加工时的精度等因素有关外,还与使用时的安装质量有关。注意,其安装方向与主轴方向不要倾斜,安装底座要平整,安装扭矩不能过大。

(4)频率响应。加速度计的频率响应曲线就是当加速度计承受恒加速度时,灵敏度随频率而变化的曲线,其上限取决于传感器的安装谐振频率,可以低于谐振频率的$\frac{1}{10} \sim \frac{1}{5}$,压电式加速度计的谐振频率一般都在10kHz以上。其下限主要受测量仪器低频响应的限制,采用电荷放大器,频率下限可达0.3Hz,有的甚至达到0.003Hz。

(5)加速度计的动态范围。这是指加速度计可测的加速度范围,在该范围内要求加速度计的灵敏度变化能保持在5%~10%之间。加速度计的动态范围下限取决于测量仪器的输出噪声水平,而上限取决于加速度计内压电晶体所承受的最大压力或最大非线性度。因此,每一种型号的加速度计的动态范围上限是不同的,如国产的YD—1型加速度计最大可测加速度为200m/s^2,YD—15型压电式加速度计为30 000m/s^2;YD—13型却只有10m/s^2。

除以上主要特性外,还有加速度计底座应变效应,温度灵敏度,磁场灵敏度和声场灵敏度等特性,都将对测试结果带来一定的影响。

现将部分国产压电加速度计的型号、特性与规格列于表7—1。

表7—1 部分国产压电加速度计的型号、特性与规格表

型号	灵敏度		频率响应度	可测最大加速度/(m/s^2)	横向效应/(%)	重量/g	特点
	S_q/(PC/g)	S_v/(mV/g)					
JC—1B	4.5~6.5	1~3	>30kHz	<30 000	<10	4	适用于冲击测量
JC—2	10~20	15~25	>13kHz	>5 000	<5	17.5	地平线输出,对地绝缘
JC—3	10~20	15~25	>10kHz	>1 000	<5	22	
YD-1		30~130	2~1 800Hz	200		<40	灵敏度高
YD—3—G		>3	2~10 000Hz			<12	耐高温(260℃)
YD—4—G		>8	2~10 000Hz			<12	耐高温(260℃)
YD—5		3	2~20 000Hz	30 000		11	耐冲击
YD—8		8~10	2~18 000Hz	500		<2.6	微型
YD—12		40~60	1~10 000Hz	500		25	
YD—45		23	10kHz(5%)			15	差动输出型中心压缩式
YD—47		6.7	10kHz(5%)			9	球形剪切式
YJ2—5		100±2		+500	<10	≥40	
Eb-10		16	10kHz(5%)			9	微型加速度计用粘结固定

续表

型号	灵敏度		频率响应度	可测最大加速度 /(m/s²)	横向效应 /(%)	重量 /g	特点
	S_q/(PC/g)	S_v/(mV/g)					
CZ3—14	90		5kHz(5%)			44	倒装中心压缩式
ZFSO25	20	20	5kHz	100	≤10	20	耐温150℃ 中心压缩式

3. 磁电传感器

磁电传感器的特点是将被测物理量转换为感应电动势,故又称为电磁感应传感器。这种传感器的工作原理是利用导体和磁场发生相对运动而产生电动势。根据电磁感应定律,具有 W 匝线圈的感应电动势 e 的大小取决于贯穿其线圈的磁通变化率,即

$$e = -W\frac{d\phi}{dt} \tag{7—8}$$

而磁通的变化率又与磁场强度、磁路磁阻、线圈的运动速度等有关,改变其中任一因素,都会改变线圈的感应电动势。这种传感器依结构不同又可以分为动圈式和磁阻式。在结构动力学实验中常用动圈式传感器。现以动圈式传感器为例,说明其工作原理。如图 7—3 所示。

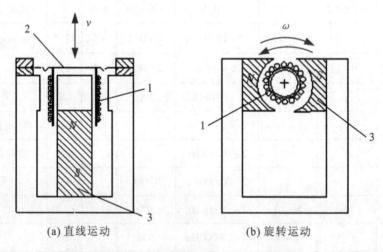

(a) 直线运动　　(b) 旋转运动

1—线圈；　2—运动部分；　3—永久磁铁

图 7—3　动圈式传感器工作原理图

如图 7—3(a)所示,在永久磁铁产生的直流磁场内,放置一可动线圈,当线圈在磁场中做直线运动时,所产生的感应电动势为

$$e = WBlv\sin\theta \tag{7—9}$$

式中:B——磁场气隙磁感应强度,T；

W——线圈的匝数；

l——单匝线圈的有效长度,m;

v——线圈与磁场的相对运动速度,m/s;

θ——线圈运动方向与磁场方向的夹角。

当 $\theta=90°$ 时,式(7—9)可以写为

$$e = WBlv \qquad (7—10)$$

显然,当 W、B、l 均为常数时,感应电动势与线圈运动速度值成正比。

图7—3(b)表示角速度型传感器的工作原理。线圈在磁场中旋转时产生的感应电动势为

$$e = KWBA\omega \qquad (7—11)$$

式中:ω——角频率,rad/s;

A——单匝线圈的截面积,cm^2;

K——依赖于结构的系数,$K<1$。

式(7—11)表明,当传感器的结构一定时,W、B、A 均为常数,感应电动势 e 与线圈相对磁场的角速度 ω 成正比。这种传感器可以用于转速测试。

在结构力学实验中常用的磁电传感器有 CD-1 型速度传感器、65 型速度传感器、701 型速度传感器等。它们都属于惯性速度传感器,工作原理都是基于电磁感应原理,其感应电动势与振动速度成正比,亦即把所测对象的速度转变为感应电动势。下面分别作简单介绍。

(1)CD—1 型速度传感器

图7—4 为 CD—1 型速度传感器的简单结构图。该传感器是典型的动圈式结构。与壳体固为一体,芯轴穿过磁钢中心孔,并由两个弹簧片支撑在壳体上。芯轴的一端固定着一个线圈,另一端固定一个圆形铜环起阻尼作用,并引出导线。这种结构的传感器的惯性元件是线圈芯杆、阻尼环,所以称为动圈式。当被测对象的振动频率远远高于传感器的固有频率时,线圈接近于静止状态,而壳体和磁钢则随振动对象一起运动。线圈与磁钢之间产生了相对运动,线圈以相对速度切割磁力线,传感器就有正比于振动速度的电动势信号输出。

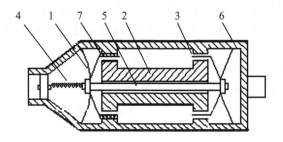

1—弹簧片;2—磁钢;3—阻尼环;4—输出线;
5—芯轴;6—壳体;7—线圈

图7—4 CD—1 型速度传感器结构图

(2)65 型速度传感器

图7—5 为 65 型速度传感器的结构示意图。该传感器主要由摆锤、线圈、十字簧片、永久性磁钢、调节装置等组成。永久性磁钢固定于外壳上,磁钢的两极之间有一环行气隙,惯性质量(摆锤)、线圈与悬挂在外壳上的十字簧片组成摆系统。

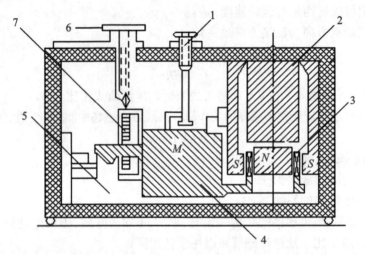

1—锁定装置；2—磁钢；3—线圈；4—摆锤；5—十字簧片；
6—调整惯性块位置手柄；7—垂直拉簧
图 7—5 65 型速度传感器示意图

当传感器固定于振动体上并随之一起运动时，摆锤由于惯性处于静止状态，线圈与磁钢之间产生相对运动，线圈切割磁力线，于是在线圈两端产生与振动速度成正比的感应电动势，通过输出端就可以测得振动体的振动速度。

由于这种传感器的固有频率低，灵敏度高，可以用来测量低频、微幅的振动对象。仅用一个传感器便可以测得其水平方向和垂直方向的振动速度。

(3) 701 型速度传感器

701 型速度传感器的结构、工作原理与 65 型速度传感器基本一样。差别在仪器内部装有积分电路，既可以测量振动速度、振动位移和微振，又可以测量低频大位移的振动对象。这种传感器分为 701—S 型和 701—Z 型，分别可以测量水平方向和垂直方向的振动。具有体积小、重量轻、携带方便的优点。

常用的几种速度传感器的技术指标、性能、特点如表 7—2 所示。

4. 惯性传感器的力学原理

若按工作原理来划分，前面介绍的磁电传感器和压电传感器都属于惯性传感器。下面对惯性传感器的力学原理进行探讨。

惯性传感器是利用单自由度弹簧—质量系统由于质量运动引起的强迫振动特性来进行振动测量的。图 7—6 为惯性传感器的构造原理图。惯性传感器内部由质量块 m、弹簧 k 及阻尼器组成。弹簧及阻尼器支承在外壳上。其外壳固定在被测的振动部件上，以承受振动。利用连接在质量块上的指针或通过电的信号指示所测得的位移、速度或加速度。这些量都是质量块对于外壳的相对值。它们可以用 $X(t)$、$\dot{X}(t)$、$\ddot{X}(t)$ 表示。而 m 及外壳相对地面的绝对值分别用 $Z(t)$、$\dot{Z}(t)$、$\ddot{Z}(t)$ 和 $Y(t)$、$\dot{Y}(t)$、$\ddot{Y}(t)$ 表示。它们之间的关系分别为：$Z(t) = X(t) + Y(t)$、$\dot{Z}(t) = \dot{X}(t) + \dot{Y}(t)$ 和 $\ddot{Z}(t) = \ddot{X}(t) + \ddot{Y}(t)$。

表 7—2　几种常用国产速度传感器技术指标

分类	型号	频率范围 /Hz	灵敏度 /(mV/(cm/s))	可测最大加速度 /(m/s²)	可测最大位移 /mm	质量 /g	可配用二次仪表	特 点
线圈活动型	CD—1	10~500	600	5	±1.0	700	GZ1 或 GZ2	灵敏度高,惯性式
	CD—2	2~500	300	10	±1.5	800	同上	可测相对振动
	CD—4	2~300	600		±15	1 200	同上	相对式,可测大位移
	CD—7 大位移挡	0.5~20	6 000	<1	±6.0	1 100	GZ6	灵敏度高,使用频率低
	小位移挡	1~100			±1.0			
	BZR—16	15~200	3 700		±0.5	1 000	ZDS-4	
摆式	65 型	2~50			±0.5	5 000	701-S 型测振仪	灵敏度高,适用频率低小位移测量
	701 大位移	0.5~10	150		±6.0	1 500	GZ 测振仪,701-S 型测振放大器	灵敏度高,适用低频率的位移与速度的测量
	小位移	1~100	1 650		±0.6	1 500	同上	
	速度挡	1~20	1 650				同上	

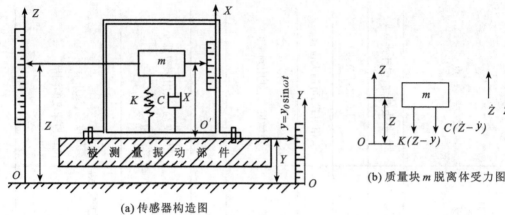

(a) 传感器构造图

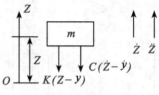

(b) 质量块 m 脱离体受力图

图 7—6 惯性传感器的构造及受力图

如图 7—6(b)所示，由支承激励引起的强迫振动，其质量块 m 的运动方程为

$$m\ddot{Z}(t) = -C(\dot{Z}(t)-\dot{Y}(t)) - K(Z(t)-Y(t))$$

由于外壳与质量块 m 的相对位移、速度和加速度分别为 $X(t)=Z(t)-Y(t)$、$\dot{X}(t)=\dot{Z}(t)-\dot{Y}(t)$ 和 $\ddot{X}(t)=\ddot{Z}(t)-\ddot{Y}(t)$，将之代入上式便得

$$m\ddot{X}(t) + C\dot{X}(t) + KX(t) = -m\ddot{Y}(t) \tag{7—12}$$

若振动体作简谐振动，则外壳的运动为

$$Y(t) = Y_0 \sin\omega t$$

将上式代入式(7—12)，则得

$$m\ddot{X}(t) + C\dot{X}(t) + KX(t) = -mY_0\omega^2 \sin\omega t$$

这是一个非齐次二阶线性微分方程，其解包括齐次方程的通解和非齐次方程的特解两部分。齐次方程的通解表示系统作自由振动，非齐次方程的特解表示系统作强迫振动。由于系统具有阻尼，自由振动项在阻尼作用下很快消失，可以忽略不计，故只考虑代表系统稳态振动的强迫振动。其稳态解为

$$X(t) = X_0 \sin(\omega t - \Psi) \tag{7—13}$$

式(7—13)就是传感器的动态响应方程，在特定条件下，通过对 X(t) 的测量可以得到振动部件振动的位移、速度或加速度。式中

$$X_0 = \frac{Y_0 \left(\frac{\omega}{\omega_n}\right)^2}{\sqrt{\left[1-\left(\frac{\omega}{\omega_n}\right)^2\right]^2 - \left(2\xi\frac{\omega}{\omega_n}\right)^2}} = \frac{Y_0 \lambda^2}{\sqrt{(1-\lambda^2)^2 + (2\xi\lambda)^2}} \tag{7—14}$$

$$\Psi = \arctan\frac{2\xi\frac{\omega}{\omega_n}}{1-\left(\frac{\omega}{\omega_n}\right)^2} = \arctan\frac{2\xi\lambda}{1-\lambda^2} \tag{7—15}$$

式中 $\lambda = \dfrac{\omega}{\omega_n}$，称为频率比，$\omega$ 为振动部件振动圆频率，$\omega_n = \sqrt{\dfrac{K}{m}}$ 为传感器的固有频率，$\xi = \dfrac{C}{2\omega_n m}$ 为传感器的阻尼比。

由式(7—13)可知，惯性传感器的输出 $X(t)$ 与输入 $Y(t)$ 的运动规律是相同的，均为简谐振动，只相差一个相位角 Ψ。所以，采用惯性传感器能够如实地反映振动部件的振动信号。但是，传感器的输出 $X(t)$ 所表示的振动物理量与频率比 λ 和阻尼比 ξ 有关，$X(t)$ 可以是位移、速度或加速度。

(1) 位移响应条件

若 $\lambda = \dfrac{\omega}{\omega_n} = \to \infty$，$\xi < 1$，则由式(7—14)得

$$X_0 = \dfrac{Y_0}{\sqrt{\left(\dfrac{1}{\lambda^2} - 1\right)^2 - \left(\dfrac{2\xi}{\lambda^2}\right)^2}} \approx Y_0 \qquad (7—16)$$

由此可知，当传感器的弹簧质量系统能同时满足 $\omega \gg \omega_n$ 及 $\xi < 1$ 时，该传感器的输出量 $X(t)$ 可以近似等于振动部件的位移，传感器就可以作为振动位移计使用。所以，传感器的位移条件是：$\omega \gg \omega_n$ 和 $\xi < 1$。

式(7—16)、式(7—15)称为位移传感器的幅频特性和相频特性，是表征传感器重要的性能指标。按不同的频率比 λ 和阻尼比 ξ 绘成曲线，就可以得到振动位移传感器的幅—频特性曲线(如图7—7所示)和相—频特性曲线(如图7—8所示)。

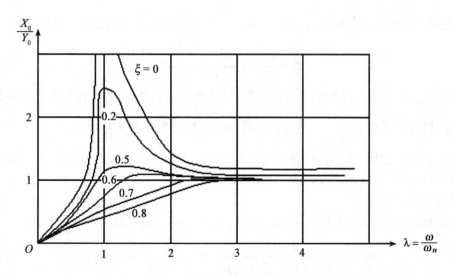

图7—7 位移计幅—频特性曲线

从图7—7可见：

① 当 $\omega \gg \omega_n$ 和 $\xi < 1$，即 $\lambda \geqslant 2.5$ 时，$\dfrac{X_0}{Y_0} \approx 1$，表明传感器的惯性质量 m 相对于外壳的振动位移幅值近似等于振动部件的位移幅值。

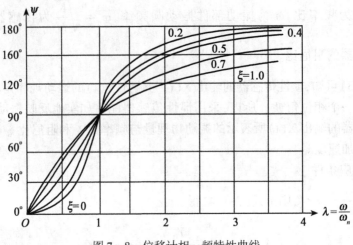

图 7—8 位移计相—频特性曲线

② 如果取 $\xi=0.6\sim0.7$，可以抑制 $\frac{\omega}{\omega_n}\approx1$ 时的峰值，即频率比 λ 可以放宽到 $\frac{\omega}{\omega_n}=2$ 左右，仍然可以满足 X_0 接近于 Y_0，也就是说合理选择阻尼，可以扩大仪器可测得的频率下限。

从图 7—8 可见：相—频特性曲线是非线性的，在测量复合振动时，不同频率的相位差不同，这就使实测波形产生不同程度的畸变。只有当 $\omega\gg\omega_n$ 时，相—频特性非线性程度小些，引起的误差较小。

(2) 速度响应条件

传感器的速度响应条件是：$\omega\approx\omega_n$，$\xi\gg1$。若 $\lambda=\frac{\omega}{\omega_n}\approx1$，$\xi\gg1$，由式（7—14）可得

$$X_0=\frac{\lambda Y_0}{2\xi}=\frac{\omega Y_0}{2\xi\omega_n}=\frac{1}{2\xi\omega_n}\dot{Y}_0 \qquad (7—17)$$

由此可知，只要是传感器满足上述条件，使传感器质量块 m 的位移与振动部件的振动速度成正比$\left(\text{比例系数为}\dfrac{1}{2\xi\omega_n}\right)$，传感器就可以作为振动速度计使用。

然而，这种速度计的使用频率很狭窄，又要求阻尼比 ξ 很大，相关特性曲线的线性度差，引起的波形畸变误差很大，所以实际工程中使用较少。

(3) 加速度响应条件

传感器的加速度响应条件是 $\omega\ll\omega_n$，$\xi<1$。若 $\omega\ll\omega_n$，$\xi<1$，则由式（7—14）得

$$X_0=\frac{Y_0\lambda^2}{\sqrt{(1-\lambda^2)^2+(2\xi\lambda)^2}}\approx Y_0\lambda^2=\frac{Y_0\omega^2}{\omega_n^2}=\frac{1}{\omega_n^2}\ddot{Y}_0 \qquad (7—18)$$

由此可见，当传感器的固有频率 ω_n 远大于被测的部件的振动频率 ω，阻尼比 $\xi<1$ 时，传感器上质量块 m 的位移 X_0 与振动部件的振动加速度 $\ddot{Y}_0$ 成正比$\left(\text{比例系数为}\dfrac{1}{\omega^2}\right)$，加速度计就是利用这个原理，所以传感器就可以作为振动加速度计使用。

由于传感器的加速度响应条件是 $\omega\ll\omega_n$，即要求加速度计本身的固有频率 ω_n 必须比振

动体的频率 ω 足够高,从而使 $\lambda = \dfrac{\omega}{\omega_n}$ 足够小。所以,加速度计是一种高固有频率的仪器。此外加速度计的频率使用范围受阻尼影响也较大,因此其响应条件之二是 $\xi < 1$。由式(7—18),以 $\lambda = \dfrac{\omega}{\omega_n}$ 为横坐标,$\dfrac{X_0 \omega_n^2}{\ddot{Y}_0}$ 为纵坐标,作加速度计的幅—频特性曲线。若将其一部分放大如图 7—9 所示。从图 7—9 中可以看到当 $\xi = 0.65 \sim 0.70$ 时,$\lambda = 0 \sim 0.4$ 的频率范围内,$\dfrac{X_0 \omega_n^2}{\ddot{Y}_0} \approx 1$,其误差小于 0.1%,这表明传感器的质量块的位移与加速度计成正比。因此,阻尼的合理选择可以提高加速度计的频率使用范围。

从图 7—8 还可见:在加速度计的使用频率 $\omega < \omega_n$ 区域内,当阻尼比 $\xi = 0.7$ 时,相—频特性曲线接近直线,即相位差 Ψ 与频率比 λ 成正比,因此,在复合振动测量中不会产生相位畸变而造成的误差问题。

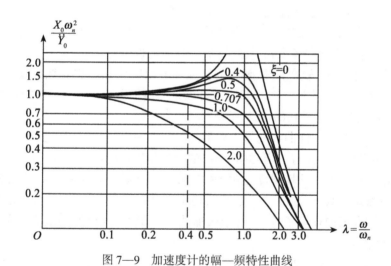

图 7—9 加速度计的幅—频特性曲线

5. 电容传感器

这种传感器的特点是将被测物理量转换为变化的电容量。实质上,这种装置是一个具有可变参数的电容器。

由电工学原理知,两个平行极板组成的电容器,其电容量为

$$C = \dfrac{\varepsilon' S}{\delta} \tag{7—19}$$

式中:S——极板之间相互遮盖的面积,m^2;

δ——两平行极板的距离,m;

ε'——极板介质的介电常数,$\dfrac{F}{m}$。

由式(7—19)可知,电容传感器的工作原理是,要使电容量 C 改变,只要将式(7—19)中 S、δ、ε' 三个量任意一个改变,其他两个不变,均可以使电容量改变。

根据电容器参数的变化,电容传感器又可以分为极距变化型、面积变化型、介质变化型三种。实际工程中,前两种应用较为广泛。

电容传感器适用于测量结构静力学实验中的位移、压力、厚度以及结构动力学实验中的振动和加速度等参数。其优点是结构简单、灵敏度高、耗能小、动态效应好、误差小,并可以进行动态非接触测试。其缺点是泄漏电容以及电缆的电容影响大,测试线路较复杂。

7.1.3 传感器的技术指标

1. 额定容量:测量范围的上限。

2. 过载率。

(1)允许过载率:以额定容量的百分率表示。当被测量超过额定容量但不大于过载率对应的上限时,传感器不能按规定的性能指标工作,但卸载后再在额定容量内工作时,性能指标正常。

(2)极限过载率:以额定容量的百分率表示。超过该极限,传感器即被损坏。

3. 工作温度范围:传感器能正常工作的温度范围。

4. 额定输出电压:在额定容量时,电桥输出电压,给出该值时应注明供桥电压。

5. 频率响应:被测量的频率超过该范围,传感器的性能变坏。

6. 非线性:在同一输入量下,传感器的输入—输出特性和理想直线的偏移量与额定输出比值的百分数,即为非线性。该理想直线可以是连接零点和最大输出所得的直线,亦可以是用最小二乘法线性回归得到的最佳"直线"。

7. 滞后:加载、卸载特性曲线的最大差值与额定输出之比,以百分比表示。

8. 蠕变:额定荷载下保持一定时间,输出的变化与额定输出之比,用百分比表示。

9. 零点漂移:无载时,环境温度变化1℃时的输出与额定输出的比值,用百分比表示。

10. 动漂:额定荷载下,温度每变化1℃,输出变化与额定输出之比,用百分比表示。

11. 重复性:在相同环境条件下,若干次加载至额定值,输出值的最大偏差与平均输出之比,以百分比表示。

7.1.4 传感器的选配原则

在实验测试中,必须根据测试对象、目的及条件的不同选配合适的传感器。选配传感器一般考虑以下几点:

1. 动态范围

无论是测量低加速度的振动,还是测量高加速度的冲击,传感器均能保持正常工作,因此,要求传感器具有高的灵敏度和承受较高的过载能力。同时,希望传感器本身的噪音小,且不容易从外界引进干扰信号。

2. 频响范围

传感器对于低频(低于$1Hz$)和高频(高于$10kHz$)的振动参数均能测量。

3. 失真度

失真度小就是对测量的动力参数的误差小。失真度小表示精确度高,即表示传感器的输出与被测量的对应程度高。但是,传感器的失真度越小,其价格越昂贵。因此,应根据实际需要来选择。

4. 稳定性

稳定性是指传感器的特性不随时间、温度、环境等因素的变化而变化的性能。但是,影响传感器稳定性的主要因素恰好是时间、温度和环境。为保证其稳定性,须根据环境等因素进行调整,以选择较合适的传感器类型。如电阻应变式传感器,温度影响其零漂,湿度影响其绝缘性,长期使用会产生蠕变现象;磁电式传感器在电场、磁场中工作会产生误差等。

5. 线性范围

任何传感器都有一定的线性范围,在线性范围内其输入与输出成比例关系。线性范围愈宽,表明传感器的工作量程愈大。故选用时要注意被测物理量的变化范围,使其非线性误差在允许范围内。

6. 抗干扰性

对非震动环境(如声、磁、温度等)的敏感性应当小。此外,还要尽可能兼顾结构简单、重量轻、体积小、价格便宜和易于维修等方面。

比较各方面优、缺点后,满足以上条件较好的是压电式加速度传感器,应变计式动压力传感器等。随着科学技术的进步,传感技术也有新的发展和突破。

7.1.5 传感器标定

传感器有两种情况需要标定,一种是检查传感器的非线性,判定是否满足实验精度要求;另一种是在测量时,在记录曲线图纸上注上标尺。这两种标定都需要将传感器与动态应变仪和 $X-Y$ 函数记录仪连用,故标定所得的非线性误差是指整个测量系统的。

1. 非线性误差检查

标定时,将测量系统调整到处于工作状态,以标准荷载(或位移)施加于传感器上,测量 $X-Y$ 函数记录仪上记录笔的位移量。对于力传感器,可以用标准砝码、杠杆砝码式加载机构或三级标准测力计作标准力值。对于位移传感器,可以用伸引计标定仪产生标准位移量。一般精度的力传感器,也可以用万能材料实验机标定。标定时,以等间隔加载,从"0"到最大容量分为 10 级。这里以力传感器为例说明标定程序。

设施加于力传感器上的载荷为 F_i,记录笔的位移为 S_i,S_i 与 F_i 应满足线性关系,即

$$S_i = aF_i \tag{7—20}$$

式中:a 为常数,根据最小二乘法原理

$$a = \frac{\sum_{i=1}^{n} S_i F_i}{\sum_{i=1}^{n} F_i^2} \quad (i = 1, 2, \cdots, n) \tag{7—21}$$

测量系统的非线性误差

$$e_i = \frac{S'_i - S_i}{S'_i} \times 100\% \tag{7—22}$$

式中,S'_i 为标定时记录笔的位移,S_i 是由式(7—20)计算得到的值(即由线性回归法所得的直线上的点)。e_i 中的最大值即是传感器的非线性误差。

2. 测量时的标定

力传感器在测量过程中的标定可以采用测力计、液压加载机或材料实验机,小荷载时,

则直接用砝码。标定时,给传感器施加所需的最大荷载,调整应变仪的衰减倍率和 $X—Y$ 记录仪的量程(必要时可以使用灵敏度微调),使 $X—Y$ 函数记录仪的记录笔达到满刻度。卸除荷载,重新调零,并再给标定荷载检查一次,看仪器是否保持原已调好的状态,若有变动则作相应调整。卸载后可以开始正式实验。

在实验过程中,若发现预先标定的量程不合适,或在实验中改变了仪器参数,都要重新标定。

在调整和标定中应注意以下问题:实验中加于传感器的荷载最好在该传感器额定容量的 30%~80% 范围内,以使传感器有尽可能大的输出又不致于超出额定荷载。对应变仪衰减倍率和灵敏度的调整,也应使实验达到最大荷载时,应变仪的输出在额定输出的 50%~80% 范围内。若应变仪的输出过小,除未能充分发挥其作用外,还迫使 $X—Y$ 函数记录仪在高灵敏度状态下工作,易受干扰。记录过程中应特别注意不能超出应变仪的线性输出范围,否则会产生很大的误差。

$X—Y$ 函数记录仪的调整,亦应使记录曲线的幅值在仪器最大幅值的 50%~80% 范围内。过小的记录幅值会给以后的数据处理引入较大的判读误差。

§7.2 信号放大设备

由传感器输出的电信号一般都很微弱,需要放大后才能供显示和记录。信号放大器就是将微弱的电信号进行放大的装置。一般信号放大器中还装置有微积分电路、滤波电路等。所以,信号放大器不仅对信号有放大作用,还有对信号进行微分、积分和滤波的功能。

结构力学实验中常用的传感器有磁电速度传感器和电压加速度计、应变片或应变计的电桥盒等,与它们配用的信号放大器也不同。下面对具有代表性的测试系统中常用的几种测试放大器作一简介。

7.2.1 磁电速度传感器测试系统中的放大器

1. GZ—2 型测振仪

GZ—2 型测振仪是磁电速度传感器测试系统中的放大器之一,该放大器有六个通道,可以同时测量六个信号,仪器内设置有微积分网络,包括一个微分电路和两个积分电路。该放大器可以直接与磁电式速度传感器 CD—1、CD—2 等配套使用,用来测量速度、加速度和不同频率范围的位移。GZ—2 型测振仪的输出电路除了与检波指示器相连接,驱动指针直接显示输入的信号电压外,还有电流输出和电压输出部分,可以将放大后的信号分别与光线示波仪及磁带记录仪连接。

GZ—2 型测振仪的主要性能指标:

频率响应:2~10 000Hz(≤5%);

电压测量范围:从 0~10mV~31.6V,分 8 挡;

精度:测量误差不大于各量程满刻度值的 ±4.0%;

电流输出:最大 4mA(交流);

电压输出:最大 4V(有效值);

振动测量范围:取决于连接的传感器;

系统误差:不超出±10%;
使用温度:-10℃~+40℃;
重量:不大于10kg。

2. 701—5型放大器

701—5型放大器也是磁电速度传感器测试系统中的放大器之一,该放大器与GZ—2型测振仪的基本原理大致相同,与701型、65型拾振器配合使用,亦可以测速度,加速度和位移。该放大器与GZ—2型测振仪相比较,主要是低频性能好,灵敏度高。放大器有六个通道,每个通道附有积分网络,701—5型放大器具有线路简单、低漂移、低噪声、灵敏度高、重量轻、使用方便等特点。

701—5型放大器主要技术指标:

输入电阻:36kΩ;
输入端噪声电压:≤5μV(峰—峰);
电压增益:速度:5×10^3(mV/PC);
位移Ⅰ:≥620(10C/s);
位移Ⅱ:≥620(1C/s);
幅频特性:速度:0.5~100C/s下降5%;
位移Ⅰ:10~100 C/s下降≤5%;
位移Ⅱ:0.5~20 C/s下降≤5%;
输出电流:≥5mA(峰—峰);
输出负荷:1kΩ;
消耗功率:≤5W;
重量:10kg。

7.2.2 压电加速度计测试系统中的放大器

1. 前置电压放大器

前置电压放大器又称为阻抗变换器。该放大器把压电加速度计的高输出阻抗转换为低输出阻抗,并将加速度计输出的电荷信号变成电压信号。阻抗变换器的输出电压正比于输入电压,由于其放大倍数有限,故需与电压测振放大器(如GZ—2型测振仪)相连接。阻抗变换器与加速度计连接电缆的分布电容对其输出电压及频率下限$\left(下限频率为 f_i = \frac{1}{2\pi R_i C}\right)$都有影响。因此,对于这种测量系统,当其系统灵敏度确定后,就不能更换输入连接电缆的长度。前置电压放大器虽存在一些缺点,但由于结构简单、价格便宜,其输出和测振放大器的连接电缆要求不高等特点,因此,目前在结构力学实验中还经常使用。北京测振仪器厂生产的ZK—2型阻抗变换器就是其中一种。

2. 电荷放大器

电荷放大器的作用是将传感器产生的正比于加速度的电荷量转变为电压信号输出,故称为电荷放大器。

(1)电荷放大器的工作原理

电荷放大器的工作原理表示在由压电加速度传感器、电缆和电荷放大器组成的等效电路上，如图 7—10 所示。

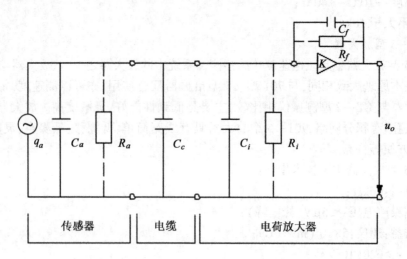

图 7—10　传感器、电缆及电荷放大器的等效电路

电路的核心是一个具有电容 C_f 负反馈的运算放大器 K，而且传感器的输出端通过引线直接连接在运算放大器的反向输入端。设传感器的输出电荷量为 q_a；而运算放大器的"反馈电荷"为 q_f，q_f 等于反馈电容 C_f 与电容两端电位差 (u_i-u_0) 的乘积，即

$$q_f = C_f(u_i - u_0) = C_f\left(-\frac{u_0}{k} - u_0\right) \tag{7—23}$$

而放大器的输入电压就是电荷差 (q_a-q_f) 在电容 $C=C_a+C_c+C_i$ 两端形成的电位差。即

$$u_i = \frac{q_a - q_f}{C} \tag{7—24}$$

将式(7—23)代入式(7—24)，得

$$u_i = \frac{q_a - C_f\left(-\dfrac{u_0}{k} - u_0\right)}{C}$$

考虑 $u_i = \dfrac{-u_0}{k}$，则

$$-\frac{u_0}{k} = \frac{q_a - C_f\left(-\dfrac{u_0}{k} - u_0\right)}{C}$$

因此

$$u_o = -\frac{kq_a}{C + C_f(1+k)}$$

因为电荷放大器是高增益的，其放大倍数是很高的，即 $K \gg 1$，因此，$C_f k \gg C+C_f$，所以

$$u_o \approx \left|\frac{q_a}{C_f}\right| \tag{7—25}$$

可见，电荷放大器的输出电压只取决于输出电荷量 q_a 和反馈电容 C_f 的大小，且与 q_a 成正比，与 C_f 成反比。而与传感器的电容 C_a、电缆电容 C_c、电荷放大器的输出电容 C_i 等无

关,好像电荷 q_a 仅仅是加在一固定电容 C_f 上而得到电压一样。这是电荷放大器的一个主要优点。因此,在实验时,可以选用任意长度(即使 100m 以上)的电缆,而不影响测量的灵敏度值。同时,由于电容 C_f 可以做得很精确,所以,测得精度也比较高。但是,由于电荷放大器的输出电压与输入电荷成正比的前提条件是放大器的增益 $K \gg 1$,所以使电路比较复杂,因而价格也较贵。

同时,由于在电荷放大器电路中并联了 R_f,当 $\omega R_f C_f$ 不是很大时,将对低频起抑制作用,因此,电荷放大器实际上起高通滤波器的作用。高通的低截止频率对应于 $\omega R_f C_f = 1$ 为

$$f = \frac{\omega}{2\pi} = \frac{1}{2\pi R_f C_f} \tag{7—26}$$

(2)电荷放大器的结构特点

下面以国家航天部 702 所生产的 3109 型电荷放大器来说明电荷放大器的结构特点:

3109 型电荷放大器在一外箱内同时放置五个独立的电荷放大器通道。同时还设置了一个公用的直流稳压电源和一个小型示波器。可以通过显示器面板上的波道选择开关将五个通道中的任何一个接入显示器。为了便于同数据采集系统和电子计算机连接,电荷放大器除了每通道有两个自己独立的输出插座外(下部插座为主输出插座,上部插座将信号反向 180°输出),还设置了一个 37 芯插座,可以同时输出每个通道的模拟输出量和五个通道的量程设置状态代码(二位二进制代码)。

3109 型电荷放大器的每个通道都包括七个部分,全部采用集成化运算放大器以提高其工作性能及简化调试维修手续。电荷放大器通道的电路方框图如图 7—11 所示。简单说明如下:

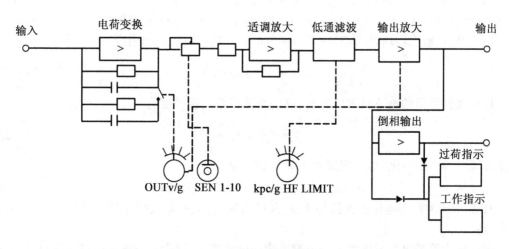

图 7—11 电荷放大器电路方框图

①电荷变换级采用美国 2N544 结型场效应管作为输入级,该输入级采用两种反馈电容:1 000pf 和 10 000pf。为稳定零点,反馈电容还并联有电阻,该电阻与电容共同决定放大器的低频限 $\left(f = \frac{1}{2\pi R_f C_f} \text{Hz}\right)$。同时,在输出端串联有 0.22μ 隔直电容 C,用于外接传感器或电缆绝缘电阻下降的情况下也不破坏其零点稳定。

②电路上的适调放大级的作用在于把不同电荷灵敏度的传感器的输出信号经过放大器适调后,各通道便输出统一灵敏度的电压信号。也就是说适调放大级具有"归一化"的功能。

此外,电荷放大器还设有积分功能,可以测量振动速度及位移。3109型电荷放大器的面板如图7—12所示。

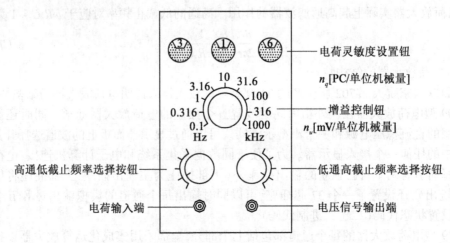

图7—12 带有适调环节的通用电荷放大器的前面板

面板上部用3位数和一个小数点来设置电荷灵敏度,如图7—12中的31.6,n_q中的机械量单位可以是$(m \cdot s^{-2})$或(g);中部为增益控制钮,用来选择输出量程n_u。一旦n_q、n_u设定之后,则电荷放大器增益,即对应于每单位电荷量输入时的输出电压为

$$G = \frac{n_u}{n_q} \quad (mV/PC) \tag{7—27}$$

再设加速度传感器的电荷灵敏度为S_q,则整个测试系统灵敏度为

$$S = S_q G = S_q \frac{n_u}{n_q} \tag{7—28}$$

假定$n_q = S_q$,则"归一化"后的测试系统的灵敏度为

$$S = n_u \quad (mV/(m \cdot s^{-2}))\text{或}(mV/g) \tag{7—29}$$

3109型放大器与电压放大器相比较,其结构复杂、成本高、容易损坏。但该放大器有许多优点:

①该放大器的电荷灵敏度不受连接电缆长度的影响,通常其连接电缆可达数百米长,即使达1 000m,其测量误差也只有1%,为实验带来很多方便。

②该放大器低频性能好。在一定条件下,其下限截止频率可以低于0.3Hz。电荷放大器的下限截止频率$f = \frac{1}{2\pi R_f C_f}$与传感器、电缆电容等无关,只要选用足够大的反馈电容C_f和反馈电阻R_f截止频率就可以很低。但为了减少波形失真,电荷放大器就不能太靠近频率很低的下限工作。

③电荷放大器的输出电压与传输电缆的电容值关系甚微,所以换用不同的低噪声电缆

时,系统的灵敏度不用重新标定。

④因为具有上限频率可调的低通滤波器,从而可以消除干扰、高次谐波的影响。

⑤电荷放大器的适调开关可以使不同灵敏度的传感器有归一化的输出。

⑥电荷放大器在信噪比及线性度方面也比电压放大器好。

⑦此外,电荷放大器具有足够高的放大倍数。因此,做结构动力学实验时,不需要再连接测振放大器,可以直接将电荷放大器输出信号供显示和记录。

所以,电荷放大器在结构力学实验中得到越来越广泛的应用。

§7.3 信号显示记录设备

在结构力学实验中,常用的显示记录设备有光线示波器、磁带记录器、瞬态记录仪或通过电脑直接记录和分析。

上述记录仪的特点、用途、主要参数等分列于表7—3中。

表 7—3　　　　　　　　　记录仪性能比较表

记录仪名称		光线示波器	磁带记录器	瞬态记录仪
摘　要		使用较广,频率响应好,多线化容易。	灵活性大,响频好,易多线化。可以直接与计算机相连,便于处理分析有关数据。	精度高,频带宽,可以直接与计算机相连,便于处理分析。
主要用途		变化频率较高的现象,同时记录	高频、低频现象暂态过程,同时记录	高频信号,单次瞬变过程
记录单元名称		振动子	磁头	存储器
记录方式		直记式,显定影	磁化现象	数字储存
主要参数	工作频带	0~5kHz（最高>10kHz）	40~80kHz（最高 400kHz）	0~25MHz（最高不超过 100 MHz）
	振幅精度/(%)	2	2~5	一般8位二进制转换
	灵敏度	$1.9×10^5$mm/(mA·m)		
	记录线数	1~60	1~56	一般 1~2 线或更多
	记录带速度	25cm/min~200cm/s	2.38~305cm/s	
	记录幅宽/mm	>100		
	输入阻抗/Ω	10~200	约 100K	1M 左右

7.3.1 光线示波器

光线示波器具有结构简单,灵敏度高,性能稳定,记录直观,并可以在同时间坐标轴上能记录多路信号等特点。但由于与其配套的感光纸存储及价格问题,在电脑测试技术广泛应用后,光线示波器的使用就大大减少了。

国产光线示波器(SC 系列)主要技术性能如表 7—4 所示。

1. 光线示波器的工作原理

以应用较多的 SC—16 型示波器为例。该示波器由振动子(也称振子)系统、光学系统、记录纸传动系统及时标装置四部分组成。

(1)光学系统

SC—16 型示波器的光学系统如图 7—13 所示。

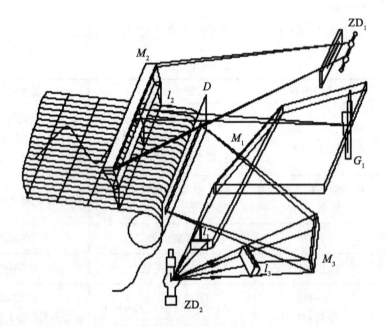

ZD_1—时标光源;ZD_2—紫外光源;l_1、l_2、l_3—透镜;
M_1、M_2、M_3—反射镜;D—分格镜;G_1—振子

图 7—13 SC—16 型示波器的结构组成系统示意图

光源 ZD_1 是一频闪灯,其光通过狭缝反光镜,圆柱面透镜聚焦在感光纸上。匀速走纸时在记录纸上留下等时间间隔的直线簇,即为时标线。光源 ZD_2 是一高压汞灯,ZD_2 发出的光分两路进行,一路通过圆柱面透镜 l_3,经反射镜 M_3 反射到具有 2mm 等间距狭缝的光栅上,光线通过诸狭缝后就在记录纸上留下等间距的横向条纹(分格线),借助分格线可以读出记录信号的幅值。另一路光线通过圆柱透镜 l_1,经反射镜 M_1 反射到振子 G_1,振子内有一小反射镜,再将光反射到 M_2 经圆柱透镜 l_2 聚焦到记录纸上形成一个光点。振子内的小反射镜将随被记录电流的大小而改变其偏转角度,使光点左右移动,则在记录纸走动过程中绘出被记录的波形图。图中,振子 G_1 同一排位置上可以放置多个振子,就可以在同一记录纸

第7章 结构力学实验常用设备简介

表7—4 国产光线示波器主要技术性能

型号	记录线数	记录纸规格 /(mm×mm)	记录速度 /(mm/s)	时标(S)	振动子型号	光臂长 /mm	自动走长 /m	记录方式	分隔线	特 点	生产厂家
SC—8	6（包括时标）	15~18×92	0.5~500 6挡	1,0.1,0.01	FC9	130		白炽光直接记录	有	功率小,体积小,重量轻	上海电表厂
SC—10	10（包括时标）	胶片:61或35 纸:10×60	2~1 000 6挡	1,0.1,0.01	FC7	250	0~2.5	白炽光,紫外线两用		重量较轻,可以两用记录	同上
SC—14	10 15	30×60~120	5~1 000 8挡	1,0.1,0.01	FC11	200	0~3.0	白炽光,紫外线两用		携带方便,可以两用记录	永青示波器厂
SC—16	16	30×120 90,60	5~3 500 9挡	1,0.1,0.01	FC6	300	0~3.0	紫外线记录	有	通用性强,性能稳定,记录清楚,线数多	上海电表厂
SC—17	4	6×60	4~200 4挡	0.2,0.02,0.01	FC9	150		白炽光记录		体积小,重量轻,专用于遥测	同上
SC—18	24	30×100 120, 150 180,200	5~2 500 9挡	1,0.1,0.01	FC6	300	0~3.0	白炽光,紫外线两用	有	通用性较强,可以两用	同上
SC—20	10 16	胶片:15×33 纸:30×120	5~2 500 9挡	1,0.1,0.01	FC11	200	0~3.0	紫外线,胶卷两用	有	具有扫描机构	永青示波器厂
SC—22	12	15×120	2.5~500 8挡	1,0.1,0.01	FC13	300		白炽光		有保温套,减震振架,适用于航空及振动下工作	上海电表厂
SC—23	8	15×92	1~500 5挡	1, 0.01	FC11	120	0.5	白炽光直接感光记录	有	袖珍式,适用于野外测量	永青示波器厂
SC—30	30	40×300	1~5 000 12挡	2,0.2,0.02, 0.002	FC11	400		紫外线直接记录		线数多,光臂长,时标精度较高	同上
SC—60	60	30×120 200,300	1~4 000 12挡	10,1,0.1,0.01	FC7	400	0~4.0	紫外线直接记录	有	线数多,时标精度高,光臂长	上海电表厂

上获得多路记录。

(2) 振动子系统

振动子系统是光线示波器的核心部分。该部分包括振子、磁系统和恒温装置等。

振动子相当于一个电磁式检流计。其构造原理如图 7—14 所示。振子中的可动线圈由弹簧拉紧的张丝固于下端外壳上,上端的张丝上贴有一个反光镜,振子插在一磁系统的磁极中。当电流经过张丝流入线圈时,线圈在磁场中受到电磁转矩的作用,带动小反光镜偏转一定角度。由光源射到振子反光镜上的光束被反射到感光纸上,形成一个光点。该光点随反光镜的偏转而产生横向移动,于是,在匀速运动的纸带上描绘出与信号电流波形相似的波形。

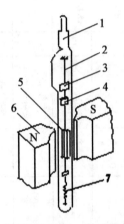

1—壳体;2—张丝;3—支承;4—反射镜;
5—线圈;6—磁极;7—张力弹簧

图 7—14 振动子的结构原理图

2. 振子的特性

(1) 运动微分方程

振子是一单自由度扭转系统,在测量过程中信号电流通过振动子线圈,其转动部分受到电磁力矩、张丝的弹性恢复力矩及振子的阻尼力矩共同作用下的运动微分方程为

$$J\frac{d^2\theta}{dt^2} + \mu\frac{d\theta}{dt} + G\theta = Ki \tag{7—30}$$

式中:J——振子转动部分的转动惯量;

θ——振子线圈转角;

i——信号电流;

K——比例常数,与磁场强度、线圈面积及匝数有关;

G——张丝的扭转刚度;

μ——振子的阻尼系数。

(2) 静态特性

当给振子通入直流电流 I 时,小镜的偏转角 θ 为

$$\theta = \frac{K}{G}I$$

又当 θ 角很小时,光点在记录上的偏移量 Y 将和小镜偏移角 θ 成正比,即

$$Y = K_i \theta = K_i \frac{K}{G} I = SI \tag{7—31}$$

式中:S——振子的电流灵敏度;

K_i——其值由示波器的光路参数确定;

$\frac{K}{G}$——其值由振子的构造参数确定。

(3)振子的阻尼

在静态特性中,没有考虑振子转动部分的惯性及阻尼的影响。若记录动态信号,阻尼对记录信号的误差影响很大。振子转动部分的阻尼,若以其阻尼比 β 表示,即

$$\beta = \frac{\mu}{2\sqrt{JG}} \tag{7—32}$$

图 7—15 表示用不同阻尼($\beta>1$ 大阻尼,$\beta<1$ 小阻尼和 $\beta=1$ 临界阻尼)的振子测量直流信号时所得波形。

对于动态过程,信号随时间的变化,不同的阻尼会使记录的信号振幅和波形发生畸变。因此,恰当的选择阻尼将能减少信号的失真。

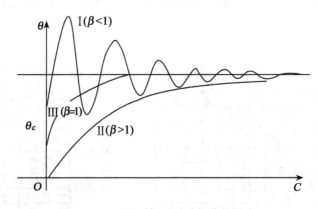

图 7—15 阻尼对振子活动部分的影响

(4)动态特性

①幅—频特性

通过实验,可以得到不同阻尼时振幅与频率之间关系的曲线。如图 7—16 所示。从图 7—16 可见,当输入直流信号$\left(\text{信号频率} f \text{为} 0,\text{而振子自振频率为} f_0,\text{则} \frac{f}{f_0}=0\right)$时,振幅比都为 1,即不发生畸变;而 $\frac{f}{f_0}$ 不为零时,大多有畸变。当然,这与 β 值有关,当 $\beta=0.6\sim0.8$ 时,在曲线的前一段变化较小,而且振幅接近于 1,所以,在我国的振子 β 值都选定在这一范围内,如,FC6 型振子的 β 值为 $0.6\sim0.7$。所以,选用振子时,信号电流的最高频率不能超过允许的工作频率范围,否则,记录的波幅会有较大的失真。

②相—频特性

振子随信号频率的不同,相位滞后的现象称为相—频特性。若用时间滞后的程度来反

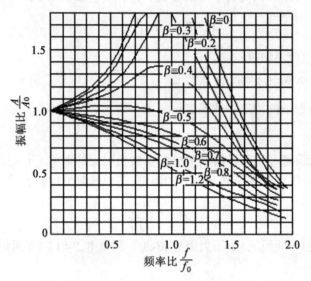

图 7—16　振子的幅—频特性曲线

映其特性称为滞后特性。通过实验可以得到相—频特性和滞后特性曲线，如图 7—17、图 7—18 所示。

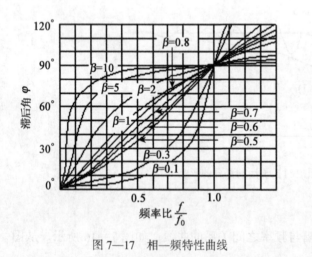

图 7—17　相—频特性曲线　　　　　　图 7—18　滞后特性曲线

从图 7—18 可见，滞后角和滞后时间都随频率比 $\dfrac{f}{f_0}$ 和 β 值而变化。这种影响是无法消除的。特别是多线测量，而且要分析各波形之间的相位关系时，就会带来一些影响，这时需要使用频率比大体一致的振子，使各振子滞后程度相同，误差就可以减小。

3. 振动子的技术指标

振子的技术指标包括：自振频率、工作频率、电流灵敏度、振子的阻尼及最大允许偏转和最大允许电流等。国产动圈式振子的主要技术指标如表 7—5 所示。

表7—5　国产振动子主要技术指标

振动子型号	结构	自振频率 /Hz	工作频率 /Hz	电流灵敏度 ($l_2=1000mm$)/(mm/mA)	内阻 /Ω	外阻 电磁阻尼 0.6~0.7/Ω	最大允许电流 /mA	光点最大允许偏移量/(mm)
FC6-10	动圈式	10	0~5	65 000	120	≥2 000	0.004	±80
FC6-30		30	0~10	10 000	120	900	0.05	±100
FC6-120		120	0~60	2 800	50	275	0.2	±100
FC6-120A		120	0~40	2 800	28		0.2	±100
FC6-400		400	0~200	240	50	20	2	±100
FC6-1 200		1 200	0~400	40	20		5	±50
FC6-2 500		2 500	0~600	8.17	16		30	±50
FC6-5 000		5 000	0~1 700	1.5	12		80	±30
FC6-10 000		10 000	0~4 000	0.12	14		100	±10
FC7-120		120	0~60	4 000	150	400	0.06	±100
FC7-400		400	0~200	250	85	25	1	±100
FC7-1 200		1 200	0~500	35	22		5	±60
FC7-2 500		2 500	0~1 000	5	16		40	±40
FC7-5 000		5 000	0~1 700	1	9		100	±10
FC7-10 000		10 000	0~4 000	0.22	9		120	±10
FC11-400		400	0~200	250	30	35	1	±80
FC11-1 200		1 200	0~450	52	22		5	±60
FC11-2 500		2 500	0~850	8.5	16		40	±60
FC11-5 000		5 000	0~2 000	2	14		80	±40
FC9-ⅠD	动磁式	100	0~40	≥170	10		2	±100
FC9-ⅡD		200	0~80	≥60	10		5	±100
FC9-ⅡG		200	0~80	≥600	1 500		0.5	±100
FC9-ⅤD		500	0~200	≥12	10		2.5	±100
FC9-ⅤG		500	0~200	≥120	1 500		2.5	±100
FC9-ⅩG		1 000	0~400	≥22	1 500		15	±100

4. 振子的选择和使用

选用振子时应明确所选示波器适合使用的振子系列,如 SC—16 型示波器适合使用 FC6 型振子。示波器记录的误差大小与振子的选择有关。所以,在选择振子时应注意以下几个问题:

(1) 当输入信号的大小能满足振子灵敏度要求时,首先应选择固有频率高的振子。多线测量时,如各线信号的频率接近,则应选用相同的高固有频率的振子。

(2) 根据信号电流的大小和所需记录曲线的相应振幅,选择适当灵敏度的振子。当前置放大器的增益无法提高时,更要着眼于提高振子的灵敏度。

(3) 必须注意信号电流最大值不得超过振子的最大允许电流幅值,光点的最大振幅不得超过振子保证线性度的最大偏转值。

(4) 选用电磁阻尼型的振子,需要考虑振子阻尼对外电阻的要求,能与外电阻匹配。

(5) 正确配置振子的光点位置,使光点位置尽量与振子位置相对应,其最大偏转角 δ_1 不要大于 $2°\sim 3°$,以减小圆弧误差。

(6) 在正式记录前,应将振子在磁系统中充分预热(一般 20 分钟以上),使振子性能稳定,减少振子不回零和漂移现象所带来的测量误差。

7.3.2 磁带记录器

磁带记录器又称磁带机,是利用铁磁性材料的磁化来进行记录的仪器。记录器须与显示器配合,才能观察到所记录的信号波形。可以多次重放、复制,可以调整重放速度,也可以抹掉等,从而实现信号的时间压缩和扩展。储存信息密度大,易于多线记录,记录信号频率范围宽,抗干扰性能好。

1. 基本组成与工作原理

(1) 基本组成

如图 7—19 所示,磁带记录器主要由磁头和磁带、记录和重放放大器、磁带传动结构等三部分组成。

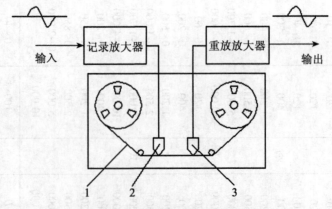

1—磁带;2—记录磁头;3—重放磁头

图 7—19 磁带记录器的基本结构示意图

（2）工作原理

①记录过程：如图7—20所示，当信号电流通过磁头的线圈时，铁芯中产生随信号电流而变化的磁通。

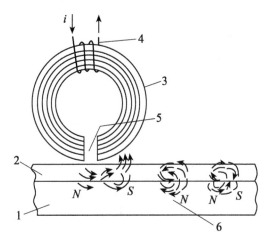

1—基带；2—磁性层；3—铁芯；4—线圈；
5—缝隙处的磁通；6—剩余磁通
图7—20　磁带记录原理图

由于工作间隙的磁阻较高，大部分磁力线便经过磁带上的磁性涂层回到另一磁极而构成闭合电路。磁极下的那段磁带上所通过的磁通和其方向随瞬时电流而变。当磁带以一定的速度离开磁极，磁带上的磁化图像就反映输入信号的情况。

②重放过程：重放过程是记录的相反过程，重放磁头和记录磁头完全相同。

2. 磁带的记录方式

（1）直接记录方式（DR方式）

工作原理如图7—21所示。

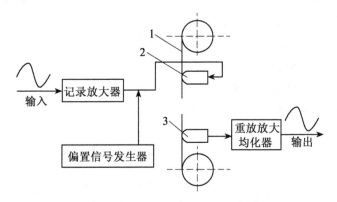

1—磁带；2—记录磁头；3—重放磁头
图7—21　直接记录方式原理框图

(2)频率调制记录方式(FM 方式)

这种方式是记录仪中用得最多的一种方式,其工作原理如图 7—22 所示。

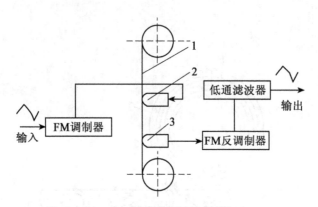

1—磁带;2—记录磁头;3—重放磁头

图 7—22　频率调制式原理框图

(3)脉宽调制方式(PDM 方式)

这种方式的优点是可以多线记录(可达 1 000 线以上),但高频特性不好,只适用记录大量低频信号。

(4)数字记录方式(PCM 方式)

这种方式是将被测信号(电压或电流)用模拟数字转换电路(A/D 转换器)转换成二进制数字信号(如力、压力、扭矩或位移等数值)直接显示出来。其最大优点是记录准确可靠,带速不稳也不影响记录精度。还能配用电子计算机,进一步对数据进行分析、处理与计算。

3. 使用注意事项

(1)供电电压:因携带式多为直流供电,电压为 12V、24V 等,切忌错接电源。

(2)输入连接:磁带记录的额定输入电压为 ±1~10V(峰值)。若信号过强要衰减,过弱时要放大。正确估计外来信号,调节前置放大器,使记录信号达到满幅的 80%~90% 即可。放大时注意与磁带记录的阻抗匹配。

(3)输出连接:磁带记录器的输出阻抗较高,适合于与数字显示器、数字电压表配套,亦可以直接与电子计算机相连。

(4)依不同的对象,选择适当的带速。

几种国产磁带记录器的主要性能如表 7—6 所示。

第7章 结构力学实验常用设备简介

表7-6 几种国产磁带记录器的主要性能

型号	记录方式	磁道数	磁带宽/mm	磁带速度/(cm/s)	工作频率/kHz	信噪比/dB	输入阻抗/Ω	输出阻抗/Ω	电源/V	失真度/%	生产厂家	备注
SZ_3	FM	16	25.4	3.125~100 (6挡)	0~10 (±1dB)	>36	>20	<50	AC 220±10%	<3	上海电表厂	其中14道记录信号,2道仪作补偿通道
SZ_4	FM	4	6.35	4.75~38 (4挡)	0~5	>32	>30	<50	DC24±1	<3	上海电表厂	携带式
SZ_6	FM	7+1 (话音)	12.7	4.75~152 (6挡)	0~20	36~43	16	20	DC24~27	≤2	上海电表厂	
SZ_7	FM	16	25.4	1/3.2	0~0.02	>37	>50	<50	AC 220±10%	<3	上海电表厂	采用补偿时为14道;为长时记录磁带记录器达72h
JCM-101	FM	18	25.4	6.25~200 (6挡)	0~20	>40	100	<10	AC 220±10%	≤2	甘肃光学仪器厂	
JCM-201	DR FM	7+1 (话音)	12.7	4.75 9.5 76 152 (4挡)	DR 0.2~250 FM 0~20	DR>30 FM>40	100	DR≤200 FM≤40	AC 220±10% DC 24±10%	<3	甘肃光学仪器厂	按带速挡不同分A、B、C三种型号

§7.4 激振设备

在结构力学的动力实验中,常利用各种激振设备激发实验对象,使之处于强迫振动状态,以达到某些动力实验的目的。为此,激振设备要具有与实验对象相适应的工作频率和激振能量(激振力)。激振设备的种类很多,按其使用方式可以分为激振器、脉冲锤和振动台;按其工作原理可以分为机械式、电磁式、液压式以及其他形式等。本节分别对激振器、脉冲锤和激振台作简单介绍。

7.4.1 激振器

安装在被测试件或其他固定物体上对试件直接激振的设备,称为激振器。常用的激振器有离心惯性式和电磁力式两种。

1. 离心惯性式激振器

图 7—23 为一离心惯性式激振器的示意图。由两个带偏心 l 的质量 m 而反向等角速旋转的齿轮结构组成。偏心质量旋转时,仅仅使之在铅直方向产生一个简谐变化的合力——激振力。其大小为

$$P = 2me\omega^2\cos\omega t \tag{7—33}$$

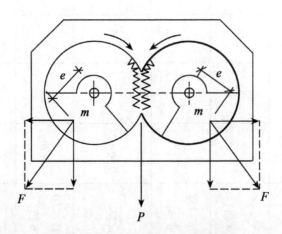

图 7—23　离心惯性式激振器示意图

这个激振力通过与被测试件固定的外壳作用于试件上,使试件产生强迫振动。若改变激振器中直流电动机的转速就可以调节干扰力的频率。

这种激振器结构简单,激振力的范围(0至数万牛顿)较大。但工作频率范围较窄,一般在 0~100Hz,且激振力大小很难单独控制。由于质量较大,对激振系统的固有频率有影响,且安装也不方便。

2. 电磁力式激振器

电磁力式激振器是将电能转换成机械能,并将其传给实验试件的一种装置。该装置的结构示意图如图 7—24 所示。

第7章 结构力学实验常用设备简介

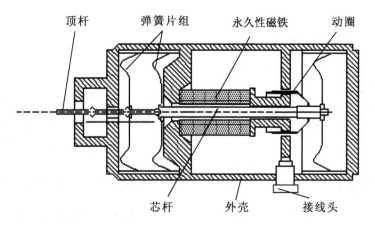

图7—24 电磁力式激振器示意图

由图7—24可见,激振器是由磁路(永久性磁铁)、动圈、弹簧片、顶杆、芯杆、接线头、外壳等组成。其工作原理是:通电后,电流在永久性磁场作用下产生电磁感应力 F,与可动部分的惯性力、弹性力和阻尼力等合力即为激振力。而由电磁感应力 F 引起顶杆上下运动把激振力传给试件。由于可动部分质量较小,弹簧较软,一般情况下,惯性力、弹性力和阻尼力都可以忽略不计。所以,当动圈内的电流为简谐变化时,激振力也是简谐变化。

使用电磁力式激振器时,要有信号发生器、功率放大器与其配套,连接方框图如图7—25所示。若磁路系统不是永久性磁铁(励磁线圈),还要增加直流稳压电源。

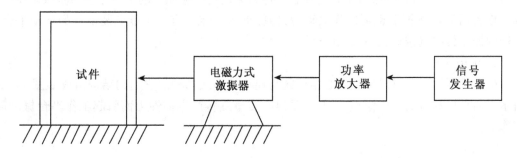

图7—25 电磁力式激振器系统连接方框图

信号发生器的功能是为激振器产生一定形式、一定频率范围和一定大小的振动信号。功率放大器的作用是将信号发生器输出的电压信号进行放大,给激振器提供与电压信号成正比的电流,使激振器产生符合要求的激振力(激振能量)。

电磁力式激振器产生激振力的频率范围较宽(0~10 000Hz),但激振力不大。该激振力对试件的附加质量和附加刚度影响不大,使用也方便。

电磁力式激振器的顶杆与试件连接方式有:一是直接连接法,根据试件制作适当连接件,用螺栓连接在试件上,如图7—26所示。另一是分离连接法,激振器安装在试件以外的物体上,靠预压力把顶杆与试件顶紧。这种安装方式又可以分为:悬挂式安装和固定式安装(如图7—27所示)。

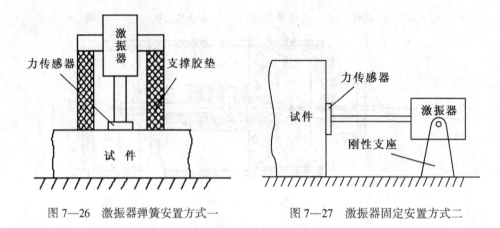

图 7—26 激振器弹簧安置方式一　　　　图 7—27 激振器固定安置方式二

显然,直接连接法中的试件等于在激振点处附加了一定质量、刚度和阻尼。这对试件的动态参数产生一定影响。因此,选择激振器时,在保证能激发试件振动的前提下,应尽可能选择质量、刚度和阻尼都较小的激振器。对那些质量较轻、刚度很弱的试件,则要采用非接触式激振器为好。限于篇幅,非接触式激振器不作介绍。

7.4.2　振动台

试件安装在具有平台的振动台面上,受到一个牵连运动的激振,此时试件上各质点均受到力的激励,激励力是分布力系。这种装置称为振动台。振动台的工作原理与激振器相同。同一设备可以作激振器也可以作振动台,但振动台一定要有一个能安装试件的振动平台。常用的振动台有机械式、电磁式和电液式三种。

1. 机械式振动台

机械式振动台又可以分为离心惯性式与连杆偏心式两种。它们的结构组成如图 7—28 所示。两种振动台的工作原理一样,同是离心质量旋转产生惯性力而引起工作平台振动而工作的。

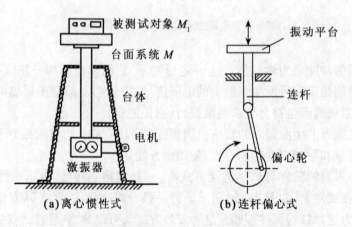

图 7—28　机械式振动台的结构组成示意图

机械式振动台的优点是:结构简单,容易产生较大的振幅和激振力;其缺点是频率范围小(0.5~70Hz),振幅调节比较困难,机械摩擦使波形失真度较大。

2. 电磁式振动台

电磁式振动台的工作原理与电磁式激振器相同,只是振动台有一个安装试件的振动台面,且其可动部分的质量较大。其控制部分由信号发生器和功率放大器、励磁电源和测试显示器等组成。如图7—29所示。

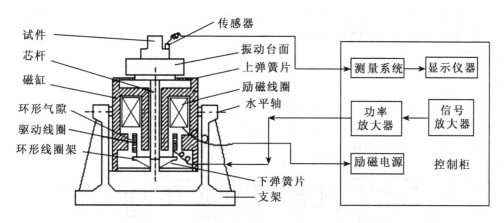

图7—29 电磁式振动台结构工作原理控制系统图

由图7—29可知,可动线圈绕在环形线圈架上,通过芯杆与振动台面刚性连接,并由上、下弹簧片悬挂在振动台的外壳上。振动台的固定部分是由高导磁材料制成的,上面绕有励磁线圈,若有直流电流通过时,磁缸的气隙间形成强大的恒定磁场,而可动线圈就悬挂在恒定磁场中。

当可动线圈通过交流电流 $i=I_m\sin\omega t$ 时,在恒定磁场的作用下,可动线圈就产生电磁感应力 F,从而使可动线圈带动振动平台上下运动。F 的大小为

$$F = BLI_m\sin\omega t \tag{7—34}$$

式中,B 为磁感应强度,L 为可动线圈导线的有效长度,I_m 为可动线圈中的电流幅值,ω 为可动线圈中交流电流的圆频率。因此,改变可动线圈中交流电流的大小和频率,就能改变振动台面的振幅及频率的大小。

控制系统分为三部分:(1)励磁部分:功能是给励磁线圈提供稳定的直流电流,使之产生恒定磁场;(2)激励部分:含信号发生器及功率放大器等,其输出信号送到可动线圈上,使之产生幅值及频率,均为可调的振动信号;(3)测量部分:装在台面的传感器,将振动台的位移、速度及加速度的输出信号传至显示器和记录设备。

与机械式振动台相比较,电磁式振动台的噪音小,频率范围宽,振动稳定,波形失真度小,振幅和频率的调节比较方便,适应性广。存在的问题只是有漏磁场的影响,有些振动台的低频特性较差。因此,电磁式振动台已成为最主要的激振设备。

7.4.3 电液式振动台简介

武汉大学土木建筑工程学院结构力学教研室于 20 世纪 80 年代末从国外进口一台

EVH-50-60-10型电液式振动台。该振动台是一种将高压油液的流动转换成振动台台面的往复运动的一种设备,该振动台由激振装置、液压装置和控制装置三大部分组成。其工作原理如图7—30所示。台体由电动力驱动装置、控制阀、功率阀、液压缸、高压供油管路和低压回油管路等组成。其中电动力驱动装置是由信号发生器、功率放大器供给驱动线圈驱动信号,从而驱动控制阀工作。液压缸中的活塞同台面相连接,控制阀和功率阀之间有多个进、出油孔,分别通过管路和液压缸、液压泵和油箱相连,这样在控制阀的控制下,通过信号不断改变油路就可以使台面按控制系统的要求进行工作。

图7—30所示位置表示振动台可以产生上下的垂直振动。若将液压缸置于水平位置,使之与振动台的侧面连接,则振动台可以产生左右水平振动。该振动台具有垂直及水平两种激振方式。

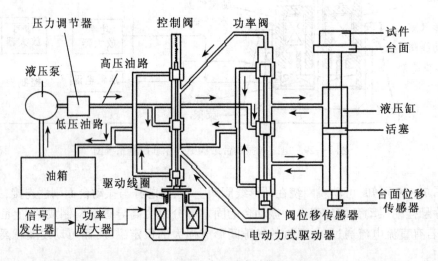

图7—30 电液式振动台结构原理图

电液式振动台工作在闭环控制状态,其控制系统方框图如图7—31所示。

信号发生器产生的激振信号与各反馈回路传感器测量得到的阀位移、液压脉动及台面位移信号一起在控制部分进行处理,最后产生误差信号送到电动力驱动装置的驱动线圈中,然后经控制阀和功率阀使振动台产生稳定的振动。

电液式振动台的主要技术指标如下:

厂家:日本鹭宫制作所;

型号:EVH—50—60—10;

基本激振性能:水平激振时,最大装载重量2.5t(最大加速度1.0g);垂直激振时,最大装载重量1.0t(最大加速度3.0g);

最大激振力:5t;

最大位移:±100mm;

最大速度:60cm/s;

频率范围:0.5~100Hz;

激振方向:水平、垂直;

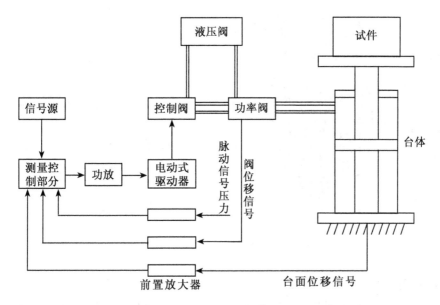

图 7—31　电液式振动台控制系统方框图

振动波形:正弦波、三角波、矩形波、随机波、地震波等;
振动板尺寸:水平 2.0×2.0m²、垂直 0.8×0.8m²;
控制功能:① 变位控制;② 定变位振幅频率扫描;③ 定加速度振幅频率扫描。
电液式振动台的主要用途为:
(1)高层结构的抗震实验;
(2)水坝及其他水工建筑物的抗震实验;
(3)各种建筑物的共振和耐久实验;
(4)新型隔振器及隔振材料性能实验;
(5)电器产品的共振及耐震性实验;
(6)土质的振动特性实验;
(7)振动测试仪器的标定。

7.4.4　脉冲锤

脉冲锤又称为力锤。脉冲锤是模态实验中常用的一种激励设备。也是一种手握式的冲击激励装置。脉冲锤的工作原理是给试件施加一种局部的冲击激励,并给出冲击力的时域信号,以供与试件上各点测得的响应信号一起进行频响函数分析,从而确定试件的模态。

脉冲锤有两种不同的结构形式,如图 7—32 所示。图 7—32(b)是由锤帽、垂体和力传感器等几个主要部分组成。当用脉冲锤敲击试件时,力传感器的压电晶片上就产生与冲击力的大小和波形成正比的电荷,配以电荷放大器、记录仪等,就可以把冲击力的信号记录下来。图 7—32(a)所示的脉冲锤与图 7—32(b)所示的脉冲锤的原理相同,不再叙述。

采用不同的锤帽(锤头盖)材料,可以得出不同脉宽的力脉冲及相应的力谱。常用的锤帽材料有橡胶、尼龙、铅、铜和钢等。其中橡胶带宽最窄,钢最宽。可以根据不同的实验对象

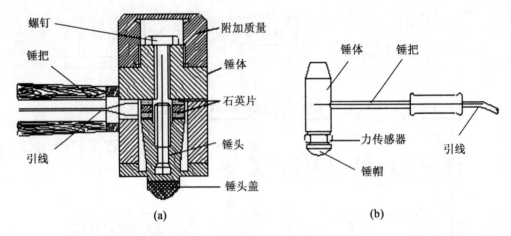

图 7—32 两种结构形式的脉冲锤示意图

和研究目的,选用不同的锤帽材料。

脉冲锤的质量从几克到几十千克都有。其冲击力可达几万牛顿。由于其结构简单,使用方便,便于携带,因此,在实验室或现场的结构动力学实验中得到广泛应用。

§7.5 结构动力学测试系统的标定

结构动力学测试系统中各种仪器、设备的性能参数对实验结果的可靠性及精度都具有很重要的意义。在仪器出厂前,生产厂家对各种仪器的性能指标参数进行过校准测试。但为确保结构动力学实验的质量,需要对实验仪器的主要性能参数进行定期标定和检验。

实验仪器的标定可以分为分部标定和系统标定。

分部标定:分别对实验的传感器、放大器、记录仪进行各种性能参数的标定。

系统标定:将所用的传感器、放大器和记录仪组成的测试系统进行全系统的联机标定,以得到输入的量与输出记录量之间的定量关系。

在结构力学实验中,如果要对动力测试系统进行标定,常用的标定方法是在标准振动台上进行。振动台标定装置示意图如图 7—33 所示。

动力测试系统标定的主要内容有频率响应、灵敏度和线性度等。

7.5.1 频率响应的标定

频率响应的标定包括幅频特性和相频特性两种。其中幅频特性的标定较多。幅频特性标定是检验动力测试系统所测量的振动量随频率变化的关系,幅频特性标定可以决定测试仪器系统的工作频率范围。标定的方法是固定振动台的振动量幅值(如位移或加速度),改变振动台的振动频率,在测试仪器中读出各频率对应的振动输出量幅值,就可以得到系统的振动幅值随频率变化的关系。以标定的频率作为横坐标,以测得的振动量幅值为纵坐标,便得到幅频特性曲线图,如图 7—34 所示。

图 7—34 中特性曲线的平直区即为动力测试系统的使用频率范围。幅频特性曲线纵坐

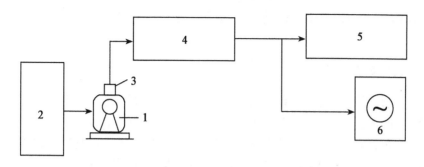

1—振动台;2—振动台控制器;3—被标定的传感器;
4—放大器;5—记录仪;6—监测示波器
图 7—33 振动台标定装置示意图

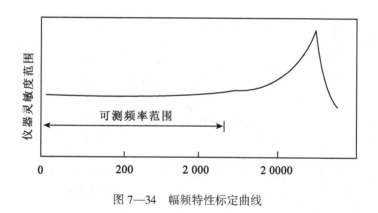

图 7—34 幅频特性标定曲线

标也可以用无量纲相对比值 β 表示,即把测得的振动量幅值除以振动台的标准振动量幅值。用 β 表示纵坐标所得的幅频特性曲线的适应性比较广泛,并且在曲线上能直接看出误差。如 $\beta=1.04$,其误差为 $+4\%$,如 $\beta=0.98$,其误差为 -2%。

7.5.2 灵敏度的标定

动力测试系统的灵敏度是指仪器的输出信号(电压,电荷,电感等)与相应的输入信号(位移、速度、加速度)之比。

标定时可以在被标定的动力测试系统频率响应曲线的平直区内任选一频率为标定频率,使振动台在该频率下按已知振动量(如位移 d、速度 v、加速度 a)振动。若用光线示波仪记录,则其记录下来的幅值即为表征动力测试系统的灵敏度。例如:

位移灵敏度 $\qquad S_d = \dfrac{A}{d}$ (mm/mm)

速度灵敏度 $\qquad S_v = \dfrac{A}{v}$ (mm/(cm/s))

加速度灵敏度 $\qquad S_a = \dfrac{A}{a}$ (mm/(m/s^2))

式中：A 为光线示波仪记录波形的峰值；d、v、a 为振动台输入的位移、速度、加速度量值；有时也用输出信号的电压值来表征灵敏度，电压值通常以毫伏计，如 mV/mm、mV/(cm/s)、mV/(m/s^2)。

7.5.3 线性度的标定

测试系统的线性标定是表示系统的灵敏度随输入振动量大小而变化的关系。线性度标定的目的是确定动力测试系统的动态幅值工作范围及其在不同幅值时的误差。标定的方法是：固定振动台的振动频率、从小到大逐点改变振动量幅值，相应地测出仪器输出量。以振动台输入的标准振动量为横坐标轴，仪器输出量为纵坐标轴，就可以绘出线性度标定曲线，如图 7—35 所示。线性度标定时振动台所用的频率要取自频响曲线的平直区内的频率。

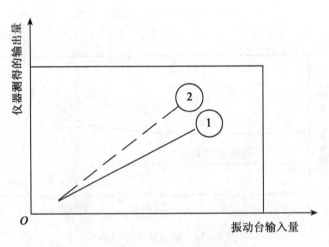

①—实际曲线；　②—理想曲线
图 7—35　线性度标定曲线

在动力测试系统的标定中要注意以下两个问题：

(1) 做标定实验时，振动台应为标准振动台，以保证其振动量（加速度、位移等）、振动频率的精度。

(2) 经过标定后的动力测试系统不能再随意组合。即进行动力测试时的测试系统要与标定实验时的系统组合相同，要做到定仪器、定放大倍数、定振子、定通道、定电缆线等五定。如果要更换原系统的组合，则需要重新标定。

第8章 电阻应变片测量技术在结构力学实验中的应用

在结构力学实验中,电阻应变片测量技术用得较多。为此,我们用一章的篇幅专门介绍这项技术。电阻应变片测量技术(又称应变电测法,简称电测法)是一种非电量电测技术。其工作原理是,用专用粘结剂将电阻应变片(简称应变片或应变计)粘贴在实验构件表面,应变片因感受试件测点的应变而使自身的电阻改变,电阻应变仪(简称应变仪)将应变片的电阻变化转换成电信号并放大,然后显示出静态应变值或输出动态应变曲线给记录仪记录。再根据测得的应变值转换成应力值,达到对试件进行实验应力分析的目的。其实验方法必须以理论为指导,在制定实验方案,分析处理实验结果时,还必须用理论做依据。

应变电测法与其他传感器的测试技术比较,有以下特点:

(1)灵敏度高,能测量小于 $1\mu\varepsilon$(微应变 $1\mu\varepsilon=1\times10^{-6}\varepsilon$)的微小应变。

(2)适应性强,应变片可测应变范围为 $1\sim2.2\times10^{5}\mu\varepsilon(1\times10^{-6}\sim2.2\times10^{-1})$ 的应变,可测应变频率为 $0\sim200$ kHz,能在 $0\sim900$ ℃ 的温度环境下测量,能在水中和核辐射环境下工作,能在转速为 10 000rpm 的构件中获取信号,还可以进行远距离遥测。

(3)精度高,在实验室常温条件下静态测量,误差可以控制在1%以内;现场条件下的静态测量,误差为1%~3%,动态测量误差在3%~5%范围内。

(4)容易实施隔离空气和温度补偿,保证长期稳定工作。

(5)自动化程度较高,随着科学技术的发展和电脑技术的广泛应用,为应变电测法提供了先进的测试仪器和数据处理系统,不仅使测试效率大大提高,也使测量误差不断降低。目前已有100点/秒的静态应变仪和对动态应变信号进行自动分析处理系统。

(6)可以测试多种力学量。现已有裂纹扩展片(测量裂纹的扩展)、测温片、残余应力片等。采用应变片作敏感元件而制成的应变传感器,可以测试力、压强、扭矩、位移、转角、速度和加速度等多种力学量。

(7)结构尺寸小,重量轻,能在复杂条件下工作。

但是,应变电测法也有一些缺点,该技术只能测量构件表面有限点的应变,当测点较多时,准备工作量大。所测应变是应变片敏感栅投影面积下构件应变的平均值,对于应力集中和应变梯度很大的部位,会引起较大的误差。

综上所述,应变电测法所具有的特点,使其成为动态应变测量的最有效方法,也是高温、液下和旋转、运动构件应变测量的唯一方法。所以,这项技术在结构力学实验中得到广泛应用。

§8.1 电阻应变片的工作原理及分类

8.1.1 应变片的工作原理及其结构组成

实践得知,当金属丝伸长或缩短时,其电阻也随之增大或减小,应变片就是利用这一特性制成的敏感元件。应变片一般由敏感栅、基底、覆盖层和引线构成。粘结剂将敏感栅与基底连成一体;基底的作用是固定敏感栅形状、传递应变和绝缘;敏感栅的功能是将应变转变成电阻变化量;覆盖层是覆盖在敏感栅上的绝缘层,以防止敏感栅受潮或受损;引线的用途是便于和导线焊接。如图8—1所示为箔式应变片结构,图中 l 是应变片标距,x—x 为灵敏轴线(即应变片轴线),应变片对沿灵敏轴线的应变最敏感。箔式应变片采用厚度为 0.003~0.01mm 的应变合金为敏感栅材料,经热处理后,涂一层有机粘结剂(环氧聚酯或聚酰亚胺树脂等),经聚合处理后形成基底,然后用光刻腐蚀工艺获得敏感栅,焊上引线再涂一层保护层制成。

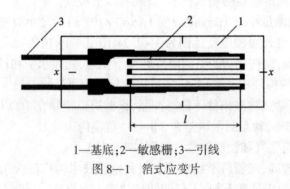

1—基底;2—敏感栅;3—引线
图8—1 箔式应变片

若将应变片粘贴到标定试样上,使试样产生已知应变,测量应变片的电阻变化,就会发现在一定的应变范围内,应变片的相对电阻变化与试样的应变之间保持线性关系,即

$$\frac{\Delta R}{R} = K\varepsilon \tag{8—1}$$

式中:R——应变片电阻;

ΔR——应变片感受应变后的电阻变化量;

ε——试样沿应变片灵敏轴线方向的应变;

K——常数,称为应变片灵敏系数。

8.1.2 应变片分类

应变片的分类方法较多,常见的有以下几种分类方法:按敏感栅所用材料可以分为金属栅和半导体栅两大类;按敏感栅形状,可以分为绕线式、箔式和短接式;按敏感栅数量,可以分为单轴和多轴应变片(又称应变花);按敏感栅标距,可以分为短标距、中标距和长标距三种;按基底材料,可以分为胶基、纸基、金属基和其他(玻璃纤维、云母等)基底几种;按使用

温度可以分为常温片、中温片、高温片和低温片。此外,还有一些特殊用途的应变片,如:测应力集中应变片、残余应力测量片、水下应变片、裂纹扩展片、测温片等。

如图 8—2、图 8—3、图 8—4 所示分别为绕线式、短接式和半导体应变片结构。其中绕线式、短接式又统称为丝式应变片。如图 8—5 所示为常用的三种箔式应变花。

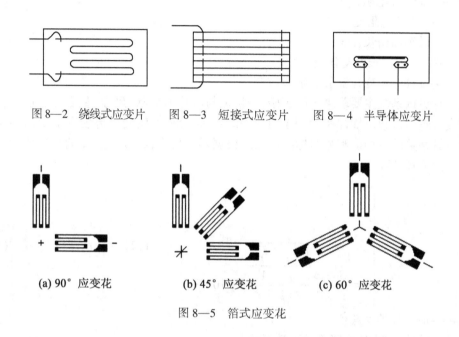

图 8—2 绕线式应变片 图 8—3 短接式应变片 图 8—4 半导体应变片

(a) 90°应变花 (b) 45°应变花 (c) 60°应变花

图 8—5 箔式应变花

§8.2 电阻应变片的工作特性

应变片的工作特性由实验测定,该特性反映了应变片性能的优劣,在常温下应变片的工作特性及其测定方法简介如下。

8.2.1 应变片的工作特性

1. 应变片电阻

应变片在未安装时,于室温环境下所测得的电阻值可以准确到 0.1Ω。应变片标称电阻有 60Ω、120Ω、350Ω、500Ω 和 1 000Ω 几种。其中以 120Ω 为标准值。在出厂前厂家对应变片电阻进行逐个测量,并按阻值分装。包装盒上注明的是同一盒应变片的平均电阻值及相对于平均电阻值的最大偏差。

2. 灵敏系数 K

应变片的灵敏系数 K 是指应变片在轴线方向的单向应力作用下,应变片电阻的相对变化 $\left(\dfrac{\Delta R}{R}\right)$ 与安装应变片的试件轴向应变(ε)之比,即

$$K = \frac{\frac{\Delta R}{R}}{\varepsilon} = \frac{\frac{\Delta R}{R}}{\frac{\Delta L}{L}} \qquad (8\text{—}2)$$

式中：R——应变片电阻，Ω；
ΔR——应变电阻变化量；
L——敏感栅栅长，mm；
ΔL——敏感栅长度变化量；
ε——试件上应变片安装区轴向应变。

应变片灵敏系数主要取决于敏感栅材料，也与敏感栅形状、尺寸、基底和制造工艺等有关。应变片灵敏系数由抽样实验测定，抽样率为 1%～5%。应变片包装盒上给出的是本盒应变片灵敏系数的平均值和相对标准误差。根据误差理论，灵敏系数 K 的平均值和相对标准误差 δ 由下式计算

$$\begin{cases} \overline{K} = \dfrac{\sum\limits_{i=1}^{n} K_i}{n} \\ \delta = \dfrac{S}{\overline{K}} = \dfrac{\sqrt{\dfrac{(K_i - \overline{K})^2}{n-1}}}{\overline{K}} \times 100\% \end{cases} \quad (i = 1, 2, \cdots, n) \qquad (8\text{—}3)$$

式中：n——应变片抽样数；
K_i——抽样实验各片测得的灵敏系数；
$\overline{K}$——本批应变片灵敏系数的平均值；
S——标准误差。

3. 横向效应系数

应变片由于其横向（垂直于灵敏轴线）变形而引起的电阻变化现象，称为横向效应。横向效应的大小用横向效应系数 H 来表征，并由实验测定。其方法是将两个应变片安装到产生单向应变的标定试样上，其中片 1 沿应变片方向安装，片 2 垂直于应变方向安装。使试样产生单向应变（约 $1\,000\mu\varepsilon$），此时，片 2 与片 1 电阻变化率之比定义为应变片的横向效应系数 H，即

$$H = \frac{(\Delta R/R)_2}{(\Delta R/R)_1} \qquad (8\text{—}4)$$

或

$$H = \frac{k_y}{k_x} = \frac{\varepsilon_2 + \mu_0 \varepsilon_1}{\varepsilon_1 + \mu_0 \varepsilon_2} \qquad (8\text{—}5)$$

式中：k_x、k_y——应变片轴向灵敏系数和应变片横向灵敏系数；
ε_1、ε_2——片 1、片 2 的应变值；
μ_0——标定试样的泊松比。

应变片的横向效应系数可以用于衡量应变片横向效应的大小，该系数与敏感栅的形状和标距长度有关，标距愈小，栅条数愈多，H 值愈大。横向效应系数也是抽样实验测定的，但

不是每批都测量,只在改变了敏感栅的材料、形状和尺寸时,需重新测量。H 值一般不在包装盒上注明。

4. 应变极限

在室温条件下,给安装有应变片的试样施加的应变逐渐增加,当应变片的指示应变与试样的实际应变相差达 10% 时,试样的应变才定义为应变片的应变极限。

5. 疲劳极限

安装在试样上的应变片,在一定幅值的交变应变作用下,应变片不损坏,且指示应变与试样应变之差不超过规定值时的应变循环次数,称为应变片的疲劳寿命。

6. 机械滞后

在恒温条件下,在增加或减少试件的机械应变过程中,对于同一机械应变量,安装在试样上的应变片的指示应变应有一个差值 $\Delta\varepsilon$,该差值称为应变片的机械滞后。

7. 绝缘电阻

安装在试样上的应变片,其敏感栅的引线与试件之间的电阻,称为应变片的绝缘电阻。测量绝缘电阻时所用的电压应不大于 100V。

8. 蠕变

已安装在试样上的应变片,在恒温条件下,承受恒定的机械应变时,其指示应变随时间的变化规律称为蠕变。而在规定的时间内,应变片的指示应变下降的幅值称为应变片的蠕变值。

常温应变片的分级标准如表 8—1 所示。

表 8—1　　　　　　　　　常温电阻应变片分级标准

工作特性	说　明	质量等级		
		A	B	C
应变片电阻/Ω	对平均值的最大偏差	0.2	0.4	0.8
灵敏系数/(%)	对平均值的相对标准误差	1	2	3
横向效应系数/(%)	对平均值的相对标准误差	1	2	4
应变极限/με		10 000	8 000	6 000
疲劳寿命/次	应变循环次数	10^7	10^6	10^5
机械滞后/με		5	10	20
蠕变/(με·h^{-1})		5	15	25
绝缘电阻/MΩ		1 000	500	500

8.2.2　常用应变片优缺点介绍

1. 箔式应变片

箔式应变片是利用照相制版或光刻腐蚀法将电阻箔材料在绝缘基底上按所需图形制成

的。箔式应变片具有性能稳定,灵敏系数的分散性小,散热性能好,横向效应系数小,输出信号大,绝缘电阻高,蠕变与机械滞后较小,疲劳寿命高等特点。但由于箔栅的投影面积大,高温下的漏电流大,故不适于高温下的应变测量。而且在常温下有逐步取代绕线式应变片的可能。

2. 绕线式应变片

绕线式应变片是最早出现的应变片型式,敏感栅用直径为 0.02~0.05mm 的应变合金丝材绕制而成,以纸为基底,用挥发型有机粘结剂将丝栅与基底粘合而成。绕线式应变式具有制造简便的特点。但是也具有难以制成小标距应变片,横向效应系数较大,工作特性分散性较大,且纸基易吸潮等缺点。因此,绕线式应变片已很少在常温下使用,仅在中、高温应变片中尚采用这种型式。

3. 短接式应变片

敏感栅的纵向是应变合金丝材,横向是较粗的铜丝。纵横交叉点熔焊连接,按规律切断一部分铜丝使之成为栅状,然后粘上基底制成。短接式应变片的特点是横向效应系数小,但制造较麻烦,疲劳寿命低。因此该技术主要用于温度自补偿应变片。

4. 半导体应变片

将半导体材料沿一定方向割成细条作敏感栅,焊上内、外引线,粘上基底制成。半导体应变片的优点是灵敏系数大,约是金属栅应变片的 50 倍,可以使测量电路大为简化。其缺点是,灵敏系数的非线性大,且拉、压时的灵敏系数不相同;电阻温度系数也比金属栅的大 50 倍左右,使温度补偿困难。此外,半导体材料柔软性差,不能粘到曲面上。因此,仅适用于制作传感器和在特殊条件下进行力学量的测量,并要采用特殊的电路进行非线性补偿。

8.2.3 应变片的选用

应变片的种类、规格很多,只有选用合适的应变片,才能获得最佳的测量结果。一般应遵循以下原则。

1. 应变片标距的选择

应变片标距的选择与试件的材料和应变、应力分布有关,建议在均匀应变场或应变梯度小的构件上测量,应采用标距为 3~10mm 的中标距应变片;在应变梯度大或有应力集中的测量区域测量,应选用小于 3mm 的小标距应变片;在混凝土构件这样非均质材料上测量,应选用长标距的应变片,且应变片的标距应大于混凝土骨料颗粒直径的 4 倍。

2. 基底的选择

基底的材料与其工作温度有关,常温应变片不能在高温中使用,中、高温应变片也不能在常温下使用,否则会损坏应变片,影响测量精度或不经济。

3. 敏感栅个数的选择

敏感栅个数的选择与应力状态有关,在单向应力状态下测量,用单轴应变片;在平面应力状态下主应力方向已知时,用二轴 90°应变花测量,应变花的二轴沿主应力方向粘贴;在平面应力状态下主应力方向未知时,用三轴 45°或 60°应变花。

4. 电阻值选择

电阻值与电桥有关,用于应变测量,应选用 120Ω 的应变片,因应变仪的电桥是按 120Ω 桥臂电阻设计的,采用其他阻值时,对测量结果要进行修正。如用于制作传感器,且有配用的二次仪表测量,可以选用高阻值的应变片。电阻值可以提高供桥电压,以获得大的输出信号,使仪器简化。同一电桥上使用的应变片或采用公共补偿的一组应变片,其电阻值相差最好小于 0.2Ω,以便电桥预调平衡。在曲面上粘贴应变片时,应变片的阻值会发生变化,凸面会使应变片电阻值增大,凹面会使应变片阻值减小,且曲率愈大,电阻改变也愈大,这一点应予以注意,以免造成电桥不能平衡。

在长期的应变测量中或是制作应变式传感器,应选用胶基箔式应变片,敏感栅材料应是康铜(铜、镍合金)或卡玛(镍、铬、铝、铁合金)等合金,它们的电阻温度系数小,故受环境温度影响也小。

§8.3 电阻应变片的粘贴与防护

8.3.1 常用粘结剂

用于常温应变测量的粘结剂主要有氢基丙烯酸酯,如 501 和 502 两种牌号。这是一种瞬间固化的粘结剂,通过吸收空气中微量水分,在 10~30s 内初步固化,2 小时后可以进行测量,8 小时后达到最高粘结强度。它们的特点是,在常温下指压快速固化,操作简便,容易掌握,粘结强度高。其缺点是耐久性、耐潮性差。主要用于短期内的应变测量。

环氧树脂类和酚醛树脂类粘结剂也是常温下使用的粘结剂。这两类粘结剂的特点是粘结力强,时间稳定性好,蠕变、滞后小,耐湿性好,能在稍高于常温的环境下工作。但是,这两类粘结剂在固化时需要加温、加压,且要进行固化后处理,粘贴工艺较复杂,操作技术难以掌握。因此,主要用于长期应变测量,是制作应变式传感器的理想粘结剂。

8.3.2 采用 502 胶的贴片工艺和防护措施

1. 贴片表面应进行机械加工,达到平整光滑。对于不便于机械加工的表面,可以用手握式砂轮机打磨。若表面过于光滑,要用 00# 砂布沿贴片方向呈 45°角交叉打毛,使之有利于粘贴,合适的粗糙度为 $\overset{6.3}{\triangledown} \sim \overset{3.2}{\triangledown}$(相当于旧标准的 ▽5~▽6)。粘贴用的应变片应逐个测量电阻值,测量片和温度补偿片之间的电阻值相差应小于 0.2Ω。

2. 用铅笔或铜划针在试件上画出应变片的定位线。用脱脂棉球蘸少量丙酮(或无水酒精、四氯化碳等)清洗贴面表面,清洗面积应比应变片基底面积大 10 倍以上。清洗时先从中心开始逐渐向外擦,棉球脏后要更换新的,一直清洗到擦过的棉球不变色为止。

3. 用左手拇指和食指夹住应变片的引线,在应变片的基底上滴一滴 502 胶,将应变片和贴片处迅速贴合,并使应变片的对称线(轴线)与定位线对准,在应变片上盖一块聚四氟乙烯薄膜,用右手拇指压在应变片上,压力约为 5N,1 分钟后即可以松开,10 分钟后揭去塑料薄膜。贴片时动作要准确、迅速。加压时,力要垂直于贴片表面,不要使应变片滑动。若粘贴效果不好,表明胶水已失效,需要换合格的胶水重贴。

4. 在应变片引线下垫一小块绝缘胶布或透明胶带,将上好锡的导线用医用胶布固定在试件上,在胶布上滴两滴 502 胶加强粘结力。用镊子把应变片的引线弯成弧形后与导线焊接,焊接时间要短,焊点应呈光滑的球状。如图 8—6 所示为应变片引线的焊接与固定情况。

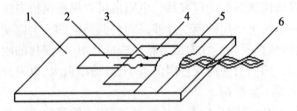

1—试件；2—应变片；3—焊点；4—绝缘胶布；
5—胶布；6—导线

图 8—6 应变片引线的焊接与固定

5. 为防止湿气浸入粘贴层，可以用 703 硅橡胶均匀地涂在应变片上，涂敷面积要大于应变片基底。该胶在常温下经 8 小时即可以固化，具有良好的防潮、防水功能。亦可以用医用凡士林、炮油或二硫化钼等材料代替。

§8.4 电阻应变测量中的电桥原理及电桥的应用

将粘贴在试件上的应变片(应变计)与电阻应变仪组成一定的测量电路，这个电路称为电桥。目前，国产的应变仪的测量电路基本上都采用惠斯顿电桥。电桥又分为直流电桥和交流电桥两种。电桥有三种功能：①将应变片的电阻变化转换成电压输出；②温度补偿；③消除组合变形中某一内力的影响。在使用应变片时必须懂得其工作原理。这里主要介绍直流电桥的工作原理及其应用。

8.4.1 电桥原理

如图 8—7 所示为应变仪中常用的直流电桥线路。该线路中的顶点 A、C 为电源输入端，B、D 为测量输出端。若四个桥臂 R_1、R_2、R_3 和 R_4 均由电阻应变片组成，称为全桥接法。若 R_1、R_2 为电阻应变片，而 R_3、R_4 为应变仪内的精密无感电阻，称为半桥接法。若仅 R_1 为电阻应变片，其余均为应变仪内的精密无感电阻，则称 1/4 桥接法。电桥的输出因负载的阻抗不同又可以分为电压桥和功率桥。图 8—7 所示为电压桥，即它的负载阻抗很大时，可以近似地认为电桥输出端是开路的，输出的即为电压。

图 8—7 中的 V 为电桥电源电压，U 为电桥输出电压。依电工学原理，得

$$U = \frac{R_1 \cdot R_3 - R_2 \cdot R_4}{(R_1 + R_2)(R_3 + R_4)} V \tag{8—6}$$

当 $U=0$ 时，称为电桥处于平衡状态。这时，电桥的平衡条件为

$$R_1 \cdot R_3 = R_2 \cdot R_4 \tag{8—7}$$

当任一桥臂电阻发生变化时，电桥平衡即破坏，电桥输出端就输出电压 U。

(1) 全桥接法：四桥臂均由电阻应变片构成，并满足电桥的平衡条件。当各电阻应变片发生变形，其阻值均有微小变化时，分别为：$R_1+\Delta R_1$、$R_2+\Delta R_2$、$R_3+\Delta R_3$ 和 $R_4+\Delta R_4$，将之代入式(8—6)，化简后得

$$U = \left[\frac{R_1 R_2}{(R_1+R_2)^2}\left(\frac{\Delta R_1}{R_1} - \frac{\Delta R_2}{R_2}\right) + \frac{R_3 R_4}{(R_3+R_4)^2}\left(\frac{\Delta R_3}{R_3} - \frac{\Delta R_4}{R_4}\right) \right] V \tag{8—8}$$

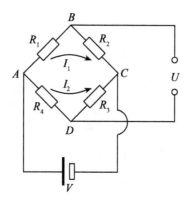

图 8—7 直流电桥

设电阻应变仪的电桥为等臂电桥,即 $R_1=R_2=R_3=R_4=R$,并且所用的应变片灵敏系数 K 相同,则式(8—8)为

$$U=\frac{1}{4}VK(\varepsilon_1-\varepsilon_2+\varepsilon_3-\varepsilon_4) \qquad (8-9)$$

(2)半桥接法:R_1、R_2 为应变片,R_3、R_4 为仪器内的精密无感电阻,其阻值恒定,则当 R_1、R_2 均发生变化时,电桥输出电压为

$$U=\frac{1}{4}V\left(\frac{\Delta R_1}{R_1}-\frac{\Delta R_2}{R_2}\right)=\frac{1}{4}VK(\varepsilon_1-\varepsilon_2) \qquad (8-10)$$

(3)1/4 桥接法:若 R_1 为应变片,其余均为仪器内的精密无感电阻,则电桥输出电压为

$$U=\frac{1}{4}V\frac{\Delta R_1}{R_1}=\frac{1}{4}VK\varepsilon_1 \qquad (8-11)$$

式(8—9)、式(8—10)、式(8—11)就是电阻应变仪全桥接法、半桥接法、1/4 桥接法时测量电桥输出电压 U 与被测应变 ε 之间的函数关系式。由于应变片的灵敏系数 K 和电桥供电压 V 已知。所以,电桥输出电压 U 与待测应变 ε 成正比。因此,电阻应变仪就可以按输出电压 U 的大小直接读出应变 ε。这就是电桥的工作原理。

8.4.2 电桥的应用

工程结构构件变形大多不是单一的,对于组合变形的应变,又如何测定呢?不同的电桥接法将得到不同的测试结果。因此,我们只要合理地布置应变片的位置,并且选用正确的电桥接法,就可以测量组合变形构件中某一种变形,进而计算出组合应力中某一应力。

例如:一弧形闸门的支臂受到偏心压力作用,相当于在支臂的轴线上作用压力 F 和弯矩 M。为消除偏心的影响,在构件上对称地粘贴了 4 个应变片,如图 8—8 所示,按图 8—8(b)所示将线路接成全桥。

如果用 ε_{iF} 表示压力 F 引起的应变;ε_{iM} 表示弯矩 M 产生的应变。根据材料力学知识得知

$$\begin{cases}\varepsilon_{1F}=\varepsilon_{3F},\varepsilon_{2F}=\varepsilon_{4F}=-\mu\varepsilon_{1F}\\ \varepsilon_{1M}=-\varepsilon_{3M},\varepsilon_{2M}=-\varepsilon_{4M}=-\mu\varepsilon_{1M}\end{cases} \qquad (8-12)$$

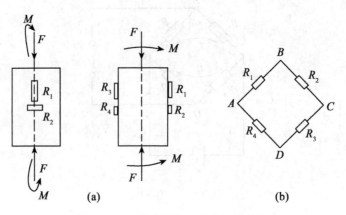

图 8—8 力传感器的布片和电桥接法

将各片的应变值代入式(8—9),并注意到式(8—12)的关系,得

$$U = \frac{1}{4}VK(2\varepsilon_{1F} - 2\varepsilon_{2F}) = \frac{1}{2}VK(1+\mu)\varepsilon_{1F} \tag{8—13}$$

此时电桥的输出电压消除了偏心影响的值,对比式(8—11)可知,其值是单个应变片在理想轴力作用下(单一变形)输出电压的 $2(1+\mu)$ 倍。这个比值 $2(1+\mu)$ 称为桥臂系数。

又如:有一人字形闸门的门轴柱受拉力(F)、扭矩(T_n)的作用,若需分别测出由扭矩 T_n 和拉力 F 引起的应变。则可以按下面的测法而得。

(1)测量扭矩 T_n 引起的应变

因应变片是测量线应变的元件,若需测量切(剪)应力,应将应变片沿主应力方向粘贴,再根据测得的主应力换算成切应力。因圆轴中的主应力与轴线的夹角为±45°。所以其布片及桥接法分别如图 8—9(a)、图 8—9(b)、图 8—9(c)所示。

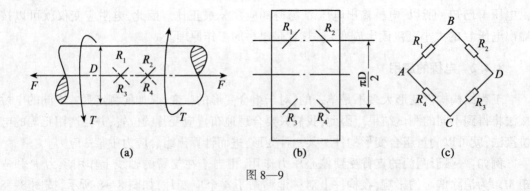

图 8—9

根据材料力学知识可知

$$\begin{cases} \varepsilon_{1T} = -\varepsilon_{2T} = \varepsilon_{3T} = -\varepsilon_{4T} \\ \varepsilon_{1F} = \varepsilon_{2F} = \varepsilon_{3F} = \varepsilon_{4F} \end{cases} \tag{8—14}$$

将各片应变值代入式(8—9),并注意到上式的关系,则得

$$U = K\varepsilon_{1T}V \tag{8—15}$$

此时,电桥输出电压 U 仅与扭矩 T 有关,且桥臂系数等于 4。

(2)测量拉力 F 产生的应变

应变片的布片位置及桥接法如图 8—10 所示。图中 R_t 是温度补偿片。根据材料力学知识可知

$$\varepsilon_{1F} = \varepsilon_{2F}, \quad \varepsilon_{1T} = \varepsilon_{2T} = 0 \tag{8—16}$$

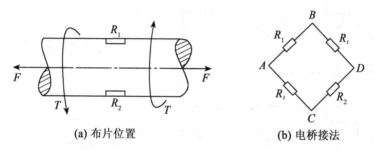

(a) 布片位置　　　　　　　　(b) 电桥接法

图 8—10　拉、扭组合变形下,测量拉伸正应力时的布片位置和电桥接法

将各片应变值代入式(8—9),并注意到式(8—16)的关系,得

$$U = \frac{V}{2}K\varepsilon_{1F} \tag{8—17}$$

此时,电桥输出电压与扭矩 T 无关,且桥臂系数等于 2。

根据布片位置、电桥接法、应变仪读数 ε_Y 与需测应变 ε 之间的关系,就可以计算出需测的应变值。它们之间的关系如表 8—2 所示。

表 8—2　　　　　　　　常用布片方案及电桥接法

载荷形式	需测应变	应变片的粘贴位置	电桥接法	仪器读数 ε_Y 与需测应变 ε 的关系
弯曲	弯曲	(图示:梁上下表面贴 R_1、R_2,受弯矩 M)	(图示:半桥接法)	$\varepsilon = \dfrac{\varepsilon_Y}{2}$
扭转	扭转	(图示:圆轴上贴 R_1、R_2、R_3、R_4,受扭矩 T)	(图示:全桥接法)	$\varepsilon = \dfrac{\varepsilon_Y}{4}$

续表

载荷形式	需测应变	应变片的粘贴位置	电桥接法	仪器读数 ε_Y 与需测应变 ε 的关系
拉(压)弯组合	拉(压)			$\varepsilon = \dfrac{\varepsilon_Y}{2}$
拉(压)弯组合	弯曲			$\varepsilon = \dfrac{\varepsilon_Y}{2}$
拉(压)扭组合	拉(压)			$\varepsilon = \dfrac{\varepsilon_Y}{2(1+\mu)}$
拉(压)扭组合	扭转			$\varepsilon = \dfrac{\varepsilon_Y}{4}$
拉(压)扭弯组合	拉(压)			$\varepsilon = \dfrac{\varepsilon_Y}{2}$
拉(压)扭弯组合	弯曲			$\varepsilon = \dfrac{\varepsilon_Y}{2}$

续表

载荷形式	需测应变	应变片的粘贴位置	电桥接法	仪器读数 ε_Y 与需测应变 ε 的关系
拉（压）扭弯组合	扭转主应变	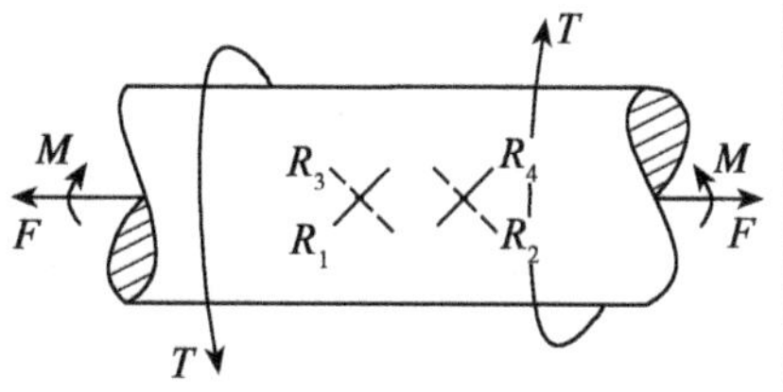	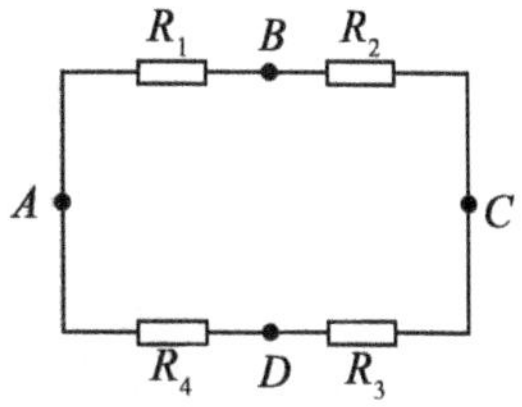	$\varepsilon = \dfrac{\varepsilon_Y}{4}$

注：表中 R_t 为温度补偿片。

§8.5 静态应变测量

在电阻应变片的测试技术中，必须通过电阻应变仪将应变片的电阻变化转化成电信号并放大，然后显示出应变值或输出记录仪记录。在静态应变测量中，常用静态电阻应变仪或静、动电阻应变仪进行测试。本节将分别介绍静态应变仪及在常温下静态应变测试中有关问题的处理方法，这些处理方法也适用于动态和特殊条件下的应变测量。

8.5.1 静态电阻应变仪

静态电阻应变仪是测量结构及材料在静荷载作用下的变形和应力的仪器。运用该仪器将被测应变转换成电阻率变化进行测量，最后用应变的标度指示出来。静态电阻应变仪种类很多，按采用的放大元件可以分为电子管式、晶体管式和集成电路式；按供桥电源可以分为交流电桥式和直流电桥式；按应变值显示方式可以分为刻度盘读数、数字显示和自动打印等。常用的有国产 YJ—5 型、YJB—1 型和 YJ—18 型。现以 YJ—18 型为例，介绍静态电阻应变仪的结构及使用方法。

YJ—18 型静态电阻应变仪是一种较现代的全集成电路、数字显示应变仪，采用直流单电桥结构，配以 P10R—18 型预调平衡箱，可以进行多点（10点）静态应变的测量，用干电池供电，具有结构简单、易操作、便于携带、无需电容平衡等优点，既可以在室内使用、也可以在室外现场使用。

1. YJ—18 型应变仪的仪器结构原理

YJ—18 型应变仪由测量电桥、直流放大器、衰减器、模数转换器（A/D）、液晶显示器和电池盒等组成。其结构原理如图 8—11 所示。面板布置如图 8—12(a)所示。各部分功能如下。

测量电桥、直流放大器和 A/D 转换器的电源由电池盒提供。直流放大器采用大规模集成电路芯片制成，全部密封于塑料盒内，漂移小、性能稳定。A/D 转换器采用 ICL7106 大规模集成电路，其内部有自零线路，保证零信号是输出为零。显示器为三位半液晶显示，由

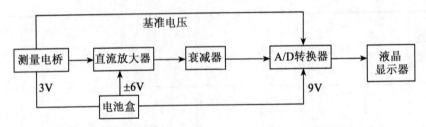

图 8—11 YJ—18 型静态应变仪结构原理框图

A/D 转换器的输出直接驱动。衰减率有×1 和×10 两挡,在×1 挡时,应变测量范围为 0~1 999με,在×10 挡时,应变测量范围为 0~19 990με。

仪器的应变显示值 N 为

$$N = \frac{V_{IN}}{V_{REF}} \times 1\ 000 \qquad (8—18)$$

式中:V_{IN}——由放大器输入 A/D 转换器的电压;

V_{REF}——基准电压。

基准电压的作用:(1)通过调节基准电压,可以使仪器适应不同灵敏系数的应变片而得的显示值,不必修正;(2)当干电池的电力不足造成供桥电压下降时,A/D 转换器的输入电压 V_{IN} 与基准电压(由供桥电压分压而得)成比例地减小,由式(8—18)可知,N 将保持不变,这就保证了仪器的测量精度。

2. 仪器的主要技术指标

(1)应变测量范围:×1 挡为 0~1 999με;×10 挡为 0~19 990με;

(2)分辨率:1με;

(3)基本误差:≤测量值的±0.2%±2 个字;

(4)稳定性:2 小时内≤±3με;

(5)灵敏度变化:2 小时内≤测量上限值的±0.2%;

(6)灵敏系数范围:1.6~2.6 可调;

(7)灵敏系数误差:±0.5%;

(8)电阻平衡范围:≤0.6Ω。

3. 预调平衡箱

P10R—18 型预调平衡箱是 YJ—18 型静态应变仪的附件,用于多点静态应变的测量。该平衡箱由 10 个独立的电桥组成,每个电桥都装有电阻平衡电路,其面板布置图如图 8—12(b)所示。测量时用五芯电缆将预调平衡箱上的信号输出插座(13)与应变仪面板上的信号输入插座(7)连接起来,应变片接在预调平衡箱上,用面板上的"选点开关"(11)选择测点。此时,预调平衡箱上所选的电桥,通过五芯电缆与应变仪上的测量电桥关联。拨动选点开关,就可以完成用应变仪上的读数电桥对预调平衡箱上的所有电桥进行应变测量,从而实现多点应变测量。

4. 操作方法

仪器的面板布置如图 8—12(a)所示。

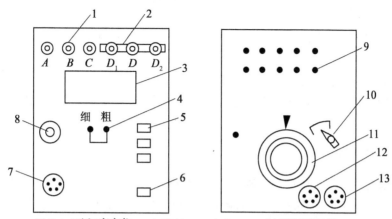

1—测量电桥;2—短路片;3—应变显示屏;4—电阻平衡器;
5—衰减倍率按钮;6—电源开关;7—信号输入插座;8—灵敏系数调节器;
9—电阻平衡器;10—转换开关;11—选点开关;12—信号输入插座;
13—信号输出插座

图 8—12　YJ—18 型静态电阻应变仪和预调平衡箱面板布置图

(1) 电桥接法

单点测量时,应变片直接接于应变仪电桥上,具体如下:

①单点半桥接法。应变片接应变仪面板上的 AB 桥臂,温度补偿片接 BC 桥臂,D_1、D 和 D_2 之间用短路片连接。

②单点全桥接法。去掉 D_1、D 和 D_2 之间用短路片,应变片分别接应变仪面板上的 AB、BC、CD 和 DA 桥臂上。

多点测量时,需要通过预调平衡箱连接,具体如下:

①多点半桥接法。将应变片分别接于预调平衡箱各电桥的 AB 桥臂。采用公共补偿法时,各电桥的 C 点用短路片接,补偿片接公共补偿各电桥中任一电桥的 BC 桥臂。采用单片补偿时,去掉 C 点短路片,各电桥的 BC 桥臂分别接各自的补偿片。

必须注意,无论上述何种补偿,应变仪上的短路片必须接上,否则应变仪不能工作。

②多点全桥接法。去掉应变仪和预调平衡箱上的所有短路片,将应变片按单点全桥接法接于预调平衡箱内的各电桥上。

必须注意,一定不能接错短路片,以免造成仪器不能正常工作或产生较大的测量误差。

(2) 测量操作

应变片接好经检查无误后即可以进行测量操作。

①将灵敏系数调节器(8)调至与所有应变片的灵敏系数一致;

② 按下电源开关(6)和衰减倍率(5)的"×10"键钮;

③调解电阻平衡器(4),使显示值为"0";

④再按下衰减倍率(5)的"×1"键钮,调解电阻平衡器,使显示值为"0"。

对于单点测量,即可以开始加载、读数。对于多点测量,应将所有测点都调到零点再开始加载、读数。若测量值超过±1 999με,应将"×10"衰减键钮按下,此时,真实应变量等于仪器显示值的10倍。

仪器暂时不用或调整应变片的接线时,应按下"断路"键钮。测量结束,即按下电源键钮,切断电源。

液晶显示器要避免强光照射,以免损坏。

对于其他型号的静态电阻应变仪的工作原理、电桥接法和操作使用方法大致相同,这里不再多述。

8.5.2 静态应变测量的准备工作

1. 选择测点。首先对试件进行受力分析,然后找出应力大的危险截面及所需研究的部位。若以测量最大应力为目的,应在可能为最大应力的部位上布置测点;当了解某一断面应力分布的规律时,就要沿断面上连续布置若干测点。若测点较多,应画出测点布置图并编号,以便分析、测试和记录。

2. 选择应变片。应变片的种类、型号很多,各有特点和适用范围,其选用原则参见本章§8.2。

3. 选择合适的温度补偿方案。温度补偿片应采用与测量片同型号、同规格的应变片,并粘贴到与试件材料相同的补偿块上,补偿块应放置在与被测量试件相同温度的环境中,以获得最佳温度补偿效果。在室内温度很稳定的短时间测量中,也可以采用单臂测量(其余三个臂均为固定电阻)。

4. 应变片与应变仪的连线应尽可能短,最好采用绞成麻花状的双股多芯塑料软导线,切勿使用两股并列的导线,在车间或电磁场很强的环境中测量,可以用金属屏蔽线作连线,并将屏蔽网接地,应变仪外壳也应接地。

5. 根据测量的目的,拟定加载方案和测量步骤。

6. 测量前,对应变仪进行性能检查,不合格者不能使用。

7. 准备记录表格。

8.5.3 实测应变值的修正

在应变测量中,由于环境影响、导线过长、应变片的电阻值不标准、应变仪与应变片的灵敏度系数不一致等影响,此时,应变仪显示的应变并非测点的真实应变,需经修正才能得到真实应变。常用的修正方法有以下几种。

1. 灵敏系数修正

设应变片的灵敏系数为K,应变仪的灵敏系数为K_Y,测点的真实应变为ε,应变仪显示应变为ε_Y。根据应变片和应变仪的工作原理分别有

$$\frac{\Delta R}{R}=K\varepsilon, \quad \frac{\Delta R}{R}=K_Y\varepsilon_Y$$

上两式中,等号右边应相等,于是有

$$\varepsilon=\frac{K_Y}{K}\varepsilon_Y \tag{8—19}$$

由式(8—19)可知,只有当$K_Y=K$时,$\varepsilon_Y=\varepsilon$。

2. 导线电阻修正

连接应变片和应变仪的导线电阻也是桥臂电阻的一部分,该电阻的存在会降低电桥的灵敏度。一般当导线长度超过 10m 时,应进行导线电阻修正。设导线电阻为 r,应变片电阻为 R,由应变片工作原理知

$$\Delta R = RK\varepsilon \tag{8—20}$$

应变仪接测量片的桥臂的电阻为 $R+r$,由电桥工作原理有

$$\Delta R = (R + r)K\varepsilon_Y \tag{8—21}$$

式(8—20)、式(8—21)两式右边相等,则有

$$\varepsilon = \left(1 + \frac{r}{R}\right)\varepsilon_Y \tag{8—22}$$

3. 横向效应修正

横向效应的影响,使得应变片只有在与标定灵敏系数完全相同的应力状态下测量时,所测得的应变才是真实应变,而在其他应力状态下测量,或虽是单向应力状态,但测量的是横向应变时,都会产生误差。若误差较大,必须予以修正。现以测量单向应力下的横向应变为例,计算横向效应引起的误差及修正方法。

设试件处于单向应力状态,应变片(轴线沿 x 方向)垂直于应力方向(沿 y 方向)粘贴,如图 8—13 所示,则应变片的电阻变化率为

$$\frac{\Delta R}{R} = K_x\varepsilon_2 + K_y\varepsilon_1 = K_x\varepsilon_2\left(1 - \frac{H}{\mu}\right) \tag{8—23}$$

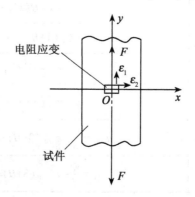

图 8—13 单向应力下横向应变测量

式中:μ——试件的泊松比。

应变仪指示应变为

$$\frac{\Delta R}{R} = K\varepsilon_Y \tag{8—24}$$

由式(8—22)与式(8—23)可得

$$K\varepsilon_Y = K_x\varepsilon_2\left(1 - \frac{H}{\mu}\right) \tag{8—25}$$

又因为 $K = K_x(1-\mu_0 H)$ 或 $K_x = \dfrac{K}{1-\mu_0 H}$,将之代入式(8—25),有

$$K\varepsilon_Y = \frac{K\varepsilon_2}{1-\mu_0 H}\left(1-\frac{H}{\mu}\right) \tag{8—26}$$

由此得到真实应变与应变仪指示应变的关系为

$$\varepsilon_2 = \frac{(1-\mu_0 H)\mu}{\mu - H}\varepsilon_Y \tag{8—27}$$

式中：μ_0——标定试样材料的泊松比。

横向效应引起的误差为

$$e = \frac{\varepsilon_Y - \varepsilon_2}{\varepsilon_2} \times 100\% \tag{8—28}$$

若应变片的横向效应系数 $H=0.01$，$\mu=\mu_0=0.285$，则 $e=-3.23\%$；若 $H=0.03$，$\mu=\mu_0=0.285$，则 $e=-9.75\%$。计算结果表明，横向效应的影响是不可忽视的。

表 8—3 中列出了使用应变花时，考虑横向效应影响的修正公式。

表 8—3　　　　　　　　使用应变花时横向效应修正计算公式

应变花形式	修正计算公式
直角应变花	$\varepsilon_{0°} = Q(\varepsilon'_{0°} - H\varepsilon'_{90°})$
	$\varepsilon_{90°} = Q(\varepsilon'_{90°} - H\varepsilon'_{0°})$
45°应变花	$\varepsilon_{0°} = Q(\varepsilon'_{0°} - H\varepsilon'_{90°})$
	$\varepsilon_{45°} = Q[(1+H)\varepsilon'_{45°} - H(\varepsilon'_{0°} + \varepsilon'_{90°})]$
	$\varepsilon_{90°} = Q(\varepsilon'_{90°} - H\varepsilon'_{0°})$
60°应变花	$\varepsilon_{0°} = \frac{Q}{3}[\varepsilon'_{0°}(3+H) - 2H(\varepsilon'_{60°} + \varepsilon'_{120°})]$
	$\varepsilon_{60°} = \frac{Q}{3}[\varepsilon'_{60°}(3+H) - 2H(\varepsilon'_{0°} + \varepsilon'_{120°})]$
	$\varepsilon_{120°} = \frac{Q}{3}[\varepsilon'_{120°}(3+H) - 2H(\varepsilon'_{0°} + \varepsilon'_{60°})]$

注：表中，$Q=(1-\mu_0 H)/(1-H^2)$，加"'"者表示应变仪的指示应变。

4. 应变片电阻修正

应变仪的指示应变是按桥臂电阻为 120Ω 标定的，当桥臂电阻不等于 120Ω 时，应变仪的指示应变就有误差，此时应按应变仪使用说明书中给出的修正曲线查出修正系数 K_R，代入下式计算

$$\varepsilon = K_R \varepsilon' \tag{8—29}$$

如果以上几种修正计算都需要，则先由下式计算

$$\varepsilon = K_R\left(1+\frac{r}{R}\right)\frac{K_Y}{K}\varepsilon' \tag{8—30}$$

再将计算的结果代入横向效应修正公式中计算，所得结果即为真实应变。

8.5.4 应力计算

1. 单向应力状态下的应力计算式为

$$\sigma = E\varepsilon \tag{8-31}$$

2. 平面应力状态下,主应力方向已知,采用 90°应变花测量,应力计算式为

$$\begin{cases} \sigma_1 = \dfrac{E}{1-\mu^2}\left(\varepsilon_{0°}+\mu\varepsilon_{90°}\right) \\ \sigma_2 = \dfrac{E}{1-\mu^2}\left(\varepsilon_{90°}+\mu\varepsilon_{0°}\right) \end{cases} \tag{8-32}$$

3. 平面应力状态下,主应力方向未知时,可以采用 45°和 60°应变花测量。

(1) 采用 45°应变花测量时的应力计算式为

$$\begin{cases} \sigma_{1,2} = \dfrac{E}{2}\left(\dfrac{A_1}{1-\mu} \pm \dfrac{1}{1+\mu}\sqrt{B_1^2+C_1^2}\right) \\ \alpha = \dfrac{1}{2}\arctan\left(\dfrac{C_1}{B_1}\right) \qquad B_1 > 0 \text{ 时} \\ \alpha = \dfrac{1}{2}\arctan\left(\dfrac{C_1}{B_1}\right) + 90° \qquad B_1 < 0 \text{ 时} \end{cases} \tag{8-33}$$

式中,$A_1 = \varepsilon_{0°}+\varepsilon_{90°}$,$B_1 = \varepsilon_{0°}-\varepsilon_{90°}$,$C_1 = 2\varepsilon_{45°}-A_1$。

(2) 采用 60°应变花测量时的应力计算式为

$$\begin{cases} \sigma_{1,2} = E\left[\dfrac{A_2}{1-\mu} \pm \dfrac{1}{1+\mu}\sqrt{(\varepsilon_{0°}-A_2)^2+\dfrac{1}{3}B_2^2}\right] \\ \alpha = \dfrac{1}{2}\arctan\left(\dfrac{\sqrt{3}B_2}{C_2}\right) \qquad C_2 > 0 \text{ 时} \\ \alpha = \dfrac{1}{2}\arctan\left(\dfrac{\sqrt{3}B_2}{C_2}\right) + 90° \qquad C_2 < 0 \text{ 时} \end{cases} \tag{8-34}$$

式中,$A_2 = (\varepsilon_{0°}+\varepsilon_{60°}+\varepsilon_{120°})/3$,$B_2 = \varepsilon_{60°}-\varepsilon_{120°}$,$C_2 = 2\varepsilon_{0°}-\varepsilon_{60°}-\varepsilon_{120°}$。

§8.6 动态应变测量

动态应变测量法也是结构力学实验中的一个重要方法。和静态应变测量一样,在动态应变测量中,常用到动态电阻应变仪。本节首先介绍动态电阻应变仪,然后介绍与动态电阻应变测量有关的一些知识。

8.6.1 动态电阻应变仪

国内外动态电阻应变仪的种类、型号很多,仅国内的就有十多种,如国产的 Y6D—2 型、Y6D—3 型、Y6D—3A 型、YD—21 型等。动态应变仪中的放大元件经历了电子管、晶体管到今天的较为现代化的全集成电路的变革。如国产的 YD—21 型应变仪,就是我国的全集成电路的第三代动态电阻应变仪。这种应变仪体积小,重量轻,性能好,便于携带,便于与计算

机连接，进行信号采集和实时数据处理。下面我们以 YD—21 型应变仪为例介绍动态电阻应变仪的结构原理、性能指标和使用方法。

1. 动态电阻应变仪的结构原理与功能

动态电阻应变仪由测量电桥、标定电桥、交流放大器、相敏检波器、低通滤波器、振荡器等组成。如图 8—14 所示。

测量电桥——为交流电桥，其功能是将应变片微小的电阻变化转换成电压信号，以供放大器放大。测量电桥包含电阻、电容预调平衡电路。

标定电桥——其功能是作为度量被测波形所对应的动应变数值的基准。而由标定电桥给出代表一定标准应变的信号与对应的动应变波形作比较，起到读出波形图的比例尺的作用。

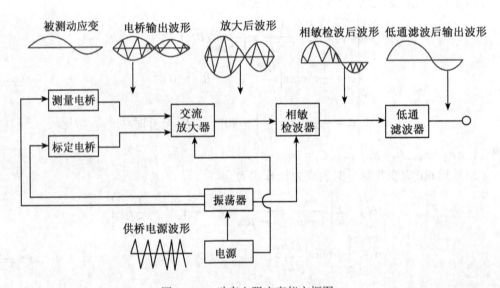

图 8—14 动态电阻应变仪方框图

交流放大器——交流放大器的功能是将测量电桥输出的电压信号放大，以保证有足够大的功率去推动记录器或指示信号。放大器前端设置了衰减器以减小因放大倍数变化而引起的输出信号电流的漂移，若输出信号太大，可以对信号进行一定比例的衰减，从而使该信号不超过放大器的线性工作范围。

相敏检波器——由于放大器输出的信号是被测应变信号的已调制信号，该信号含有被测信号，但又不是被测信号的原型。相敏检波器的功能是将这个调制信号恢复成原应变的正、负性质。

低通滤波器——低通滤波器的功能是将相敏检波器输出的信号中的高频载波成分（即被测应变信号以外的频率成分）滤掉，使放大后的信号形状与原应变形状相同。

振荡器——振荡器的作用是为电桥提供一定频率的正弦交流电源，即载波电压，同时也为相敏检波器提供参考电压。

输出电路——为适应不同类型记录仪的输入阻抗不同，动态应变仪的输出电路应有电压输出和功率输出两种。

稳压电源——稳压电源是供给振荡器和交流放大器所需的某一稳定电压的电源。

2. YD—21型动态电阻应变仪的主要技术指标

(1) 桥臂电阻：60~1 000Ω，标准值为120Ω；

(2) 供桥电压：2V±10%，频率10kHz；

(3) 平衡范围：电阻≥0.6Ω，电容≥2000pF；

(4) 灵敏度：50mA/200με（12Ω 负载），5V/200με（≥5kΩ 负载）；

(5) 线性输出范围：电压：0~±5V（负载≥5kΩ），电流：0~50mA（12Ω 负载），0~20mA（16Ω 负载）。非线性误差：≤±0.5%；

(6) 灵敏系数：2.00；

(7) 标定应变：±100με、±200με、±500με、±1 000με；

(8) 频率响应范围：0~1 500Hz；

(9) 稳定性：预热40分钟后，在2小时内，灵敏度变化<±1%，零点漂移≤±2%；

(10) 应变测量范围：0~2 000με。

3. 电桥连接方法

动态电阻应变仪的每一通道须配一个电桥盒，根据需要，可以连接全桥或半桥，连接方法如下：

(1) 半桥连接法

如图8—15(a)所示。应变片接1、2接线柱，温度计补偿片（或另一应变片）接2、3接线柱。用三个短路片分别将1和5、3和7、4和8短接。

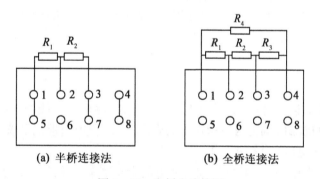

(a) 半桥连接法　　(b) 全桥连接法

图8—15　电桥盒连接图

(2) 全桥连接法

如图8—15(b)所示。去掉所有短路片，4个应变片分别接于1 盒,2和3、3和4、4和1接线柱。

4. YD—21型应变仪的操作方法和注意事项

(1) 图8—16为YD—21型应变仪（四通道）的面板布置图。

(2) 仪器使用操作方法如下：

1) 将电桥盒接头插入仪器后面板上的输入插座(18)内，根据测量要求，按半桥或全桥法接好应变片。

2) 将未用电源线插头插入仪器后面板上的电源输入插座(14)内。

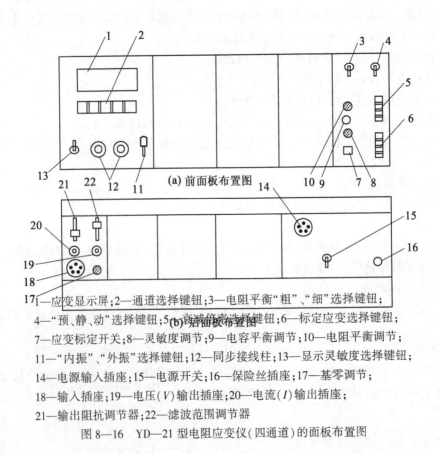

图 8—16 YD—21 型电阻应变仪(四通道)的面板布置图

1—应变显示屏;2—通道选择键钮;3—电阻平衡"粗"、"细"选择键钮;
4—"预、静、动"选择键钮;5—衰减倍率选择键钮;6—标定应变选择键钮;
7—应变标定开关;8—灵敏度调节;9—电容平衡调节;10—电阻平衡调节;
11—"内振"、"外振"选择键钮;12—同步接线柱;13—显示灵敏度选择键钮;
14—电源输入插座;15—电源开关;16—保险丝插座;17—基零调节;
18—输入插座;19—电压(V)输出插座;20—电流(I)输出插座;
21—输出阻抗调节器;22—滤波范围调节器

3)输出信号线的连接是:若采用光线示波器记录,输出信号线插入电流(I)插座(20),并将仪器的输出阻抗(21)调为与所用振子的内阻一致;若用磁带记录仪或计算机等采集记录,输出信号线插入电压(V)插座(19)。

4)在通道选择键钮(2)按下"1",在各通道的衰减倍率选择键钮(5)按下"0",把应变标定开关(7)置于中间(0)位置,把"预、静、动"选择键钮(4)置于"静、动",把显示灵敏度选择键钮(13)置于"J_2",将电源开关(15)置于"关"。

5)平衡调节。

①接通电源,数字显示灯亮。

②预热 5 分钟后从第一通道开始调整,衰减倍率先选取"100"(即取信号的 1%进行放大),按下"2"、"5"、"10"三个键钮(衰减倍率等于按下键钮所对应数字的乘积),调节电阻平衡电位器"R",数字显示为"0"。将预、静、动选择键钮置于"预",调节电阻平衡和电容平衡"C",使数字显示为"0"。

③依次将衰减倍率选为"50","20",…,"1"(所有键钮均不按下)重复上述步骤②的调节。最后应在"静、动"状态下,调节电阻平衡使之显示为"0"。

④用同样方法调整其余通道,调整前应首先按下相应的通道号键钮。不同的通道,衰减应按下"0",以避免通道间相互干扰,在测量时,衰减倍率应根据所测应变的大小决定,各衰减倍率的选择与所测应变范围的对应关系如表8—4所示。

表8—4　　　　　　　　　　衰减倍率与应变测量范围关系

衰减倍率	1	2	5	10	20	50	100
可测应变范围/($\mu\varepsilon$)	0~200	0~400	0~1 000	0~2 000	0~4 000	0~10 000	0~20 000

⑤当桥臂电阻为120Ω时,"预、静、动"选择键钮置于"静、动"位置,经调平衡后,给出200$\mu\varepsilon$的标定应变,调节灵敏度电位器,使数字在"J_1"位置显示"1 000",在"J_2"位置时,显示"400"。此时,输出电压约为5V,输出电流在负载12Ω时约为50mA。

⑥仪器的最大显示为"1 999"。当千位数为1,其他位数不显示时,表示显示已溢出,应增大衰减倍率,重新调整仪器。

6)测量。将各通道再调一次平衡,根据所测应变的大小选择合适的衰减倍率,将"预、静、动"选择开关置于"静、动"位置,按下"数字显示屏"下方的"动"键钮,即可以开始测量。

7)标定。标准应变是测定动应变曲线幅值的尺度,记录仪将标准应变与动应变记录于同一记录图纸上,以测量动应变幅值的大小。标准应变是通过标定而得。标定时,先按下所选的标定应变量对应的键钮,再拨动标定开关(7)至"+"(或"-"),即给出正(或负)的标定应变,这个标定应变就是标准应变。记录仪记下标定信号后,将标定开关拨回"0"位。此后记录仪记录动态应变信号,记录结束后,再标定一次。标定与测量应在相同的衰减倍率下进行,若在测量中途要改变衰减倍率,需重新标定。

(3)注意事项:

①应变仪电桥和标定应变均按桥臂电阻为120Ω设计,使用其他阻值的应变片时,应按仪器说明书给出的曲线,对测量值进行修正。

②若两台(含两台)以上同类型动态应变仪器一起使用,要将导线将各台仪器的同步接线柱并联,将其中一台拨到"内振"上,其余各台拨到"外振"上,以防止"差拍干扰"。

③使用光线示波器记录仪,应将应变仪的输出阻抗调到与振子的内阻一致,以免降低应变仪的频率响应范围。

8.6.2　动态应变及其频谱

动态应变是由周期性振动(含谐波振动)、瞬态振动或随机振动所引起的应变。动态应变是时间的函数,可以用仪器记录下来,再进行分析、计算,得到所需的数据。不失真地记录动态应变是保证测量精度的基础,为此,应对动态应变的特性有所了解。下面简要分析其特点。

1. 周期性应变

周期(含谐波)振动引起的应变,称为周期性应变。根据信号分析理论,周期性应变是由一个静态应变ε_0和若干个谐波所组成,各谐波的频率是基频f_1的整数倍。频率为f_1的谐波称为一次谐波或基波,其余高次谐波分别称为二次谐波、三次谐波……周期性应变各谐波的振幅与频率的关系,可以用图8—17的频谱图表示。一般情况下谐波次数越高,振幅越小,故高次谐波在周期性应变中所占成分很少。

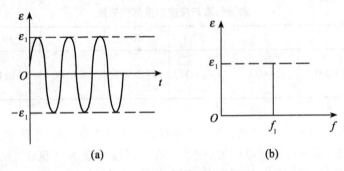

图8—17 周期性应变的频谱

2. 瞬态应变

冲击或突加荷载引起的应变称为瞬态应变。瞬态应变的谐波分量很丰富,其频率是连续变化的。图8—18所示为冲击和突加应变的频谱图。

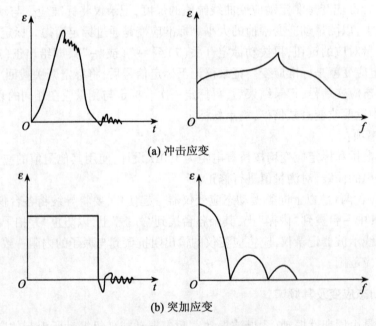

图8—18 瞬态应变的频谱

3. 随机应变

随机应变是由随机振动引起的应变。其振幅—时间曲线是不可预测的,其振幅不仅没有周期,也不能用确定的数字式描述。如图8—19所示为随机应变的振幅—时间曲线。

图 8—19 随机应变曲线

8.6.3 动态应变的测试分析系统及仪器的选择

1. 动态应变测试分析系统方框图

如图 8—20 所示,图中虚线左侧为测量与记录部分,右侧是数据处理分析部分。采用磁带记录仪、瞬态记录仪及模数转换器记录时,可以用计算机进行数据处理分析。采用光线示波器记录时,一般采用人工处理数据。当然,也可以通过光线示波记录自动译码器转换后用计算机处理。目前,在动态应变测试中,采用磁带记录仪或光线示波仪作记录较多。而磁带记录仪的频响范围宽,非线性误差小,可以改变时基(快记慢放或慢记快放),可以用计算机分析处理,记录信号可以长期保存,磁带可以重复使用,虽然价格稍高,人们也愿意使用。随着电子技术的飞跃发展,以微机为主的动态信号测试分析系统技术迅速发展。该技术能直

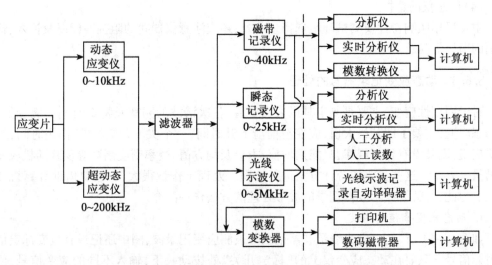

图 8—20 动态应变常用测试分析系统方框图

接对所有动态应变进行测试与分析,并打印出成果。这也是今后动态应变测试技术的发展方向。

2. 仪器选择

(1)应变片的选择

应变片的选择主要考虑应变片的频响特性,而影响其频响特性的因素是其栅长和应变波在被测试件中的传播速度。

若应变片的栅长为 L,应变波波长为 λ,测量相对误差为 ε,实验得知,$\dfrac{L}{\lambda}$ 愈小,则 ε 愈小。当 $\dfrac{L}{\lambda} = \dfrac{1}{20} \sim \dfrac{1}{10}$ 时,ε 小于 2%。

若应变波在被测试件中的传播速度为 v,而取 $\dfrac{L}{\lambda} = \dfrac{1}{20}$ 时,则可以测得动态应变的最高频率为

$$f = 0.05 \dfrac{v}{L} \tag{8—35}$$

当然,还必须考虑应变梯度及应变范围。

(2)动态应变仪的选择

主要根据测试系统的仪器配置、测试试件的应变梯度、应变范围、测点多少及测试性质等因素来决定动态应变仪的型号、工作频率、测量范围、仪器的线形及精度等。目前使用的国产型号有 Y6D—2 型、Y6D—3 型、YD—15 型及 Y8DB—5 型等。供选择参考。

(3)滤波器的选择

滤波器主要根据特殊测试的目的选择。若只需测定动态应变中某一频带的波谐分量,可以选用相应的低通滤波器;若只需测量低于某一频率的波谐分量,可以选用相应截止频率的低通滤波器;若没有什么特殊要求,一般不用滤波器。

(4)记录仪的选择

主要根据频响特性及测试环境选择。此外,还应注意仪器间的阻抗匹配以及输入、输出之间的衔接等问题。

8.6.4 动态应变记录信号的处理

对于周期性应变,主要是测定其最大应变值、各次谐波的频率及特定时刻的应变值;对于瞬态应变,主要了解其最大值、应变波前沿上升时间,一个尖峰(或方波)作用时间;对于随机应变,因其没有任何规律,只能用均值、方差及均方值,概率密度函数等反映随机应变特性的量来表示。这些量需按统计方法进行处理。处理工作量很大,一般要借助计算机才能完成。为此,仅就光线示波器记录的波形处理的方法作一简介。

1. 动态应变峰值的确定

如图 8—21 所示,是用光线示波器记录的被测应变记录波,图中还记录有应变标定信号和时标信号。只要在动态应变仪上的"标定开关"处拨动一下,输入不同的应变信号,便可以从记录仪上给出相应的标定方波,又称参考波。图中的应变标定线是动态应变仪输出一定数值标准应变时所得的记录线,其作用是使应变记录中有一标定应变的尺度来衡量实测

动态应变的大小。

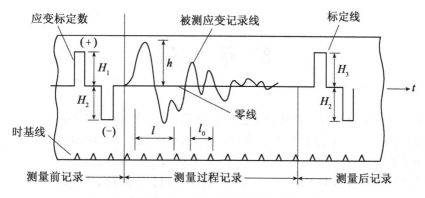

图 8—21 动态应变记录波形图

如果某瞬时应变记录曲线的幅值为 h，则该瞬时被测应变 ε_t 为

$$\varepsilon_t = \left(\frac{h}{\frac{H_1 + H_3}{2}} \right) \cdot \varepsilon_0 \quad (\mu\varepsilon) \tag{8—36}$$

式中：ε_0——额定的标定应变值，$\mu\varepsilon$。

2. 动态应变波频率的确定

$$f = \frac{l_0}{l} f_0 \tag{8—37}$$

式中：l——应变波波长，mm；

l_0——时标信号在记录纸上的间隔，mm；

f_0——时标信号频率。

参 考 文 献

[1] 李德寅,王邦楣,林亚超. 结构模型试验. 北京:科学出版社. 1996.3.
[2] 赵顺波,赵瑜等. 工程结构试验. 郑州:黄河水利出版社. 2001.4.
[3] 刘习军等编. 工程振动与测量技术. 天津:天津大学出版社. 1999.
[4] 李方泽等编. 工程振动测试与分析. 北京:高等教育出版社. 1992.
[5] 段自力,王文安主编. 材料力学实验. 武汉:华中理工大学出版社. 1993.6.
[6] 孟吉复,惠鸿斌主编. 爆破测量技术. 北京:冶金工业出版社. 1992.12.
[7] 欧珠光编著. 工程振动. 武汉:武汉大学出版社. 2003.7.